普通高等教育"十四五"规划教材

计算机网络实验与实践指导

黄志远◎主　编

王晓军◎副主编

中国铁道出版社有限公司
CHINA RAILWAY PUBLISHING HOUSE CO., LTD.

内 容 简 介

本书为大学计算机网络相关课程配套的实验和实践指导教材，涉及的知识点包括网络线缆制作、网络命令使用、IP 和子网划分，各类协议的分析，交换机和路由器的配置及其相关技术的应用，各类服务器的配置，物联网操作和虚拟化数据中心运维等。编者通过模拟软件或者实际操作截图的形式将理论知识和平时工作中接触的案例以实验和实践的形式呈现出来，便于读者按照内容分步操作，提高读者计算机网络的动手实践能力，同时通过实验和实践反过来促进计算机网络理论知识的理解和学习。

本书适用于学过计算机网络理论知识的读者，以及希望将网络实践与计算机网络理论知识结合起来进行学习的读者。

图书在版编目（CIP）数据

计算机网络实验与实践指导/黄志远主编. —北京：
中国铁道出版社有限公司，2021.9
普通高等教育"十四五"规划教材
ISBN 978-7-113-28215-8

Ⅰ.①计… Ⅱ.①黄… Ⅲ.①计算机网络-高等学校-
教材 Ⅳ.①TP393

中国版本图书馆 CIP 数据核字(2021)第 153749 号

书　　名：**计算机网络实验与实践指导**
作　　者：黄志远

策　　划：侯 伟　　　　　　　　　　　　编辑部电话：（010）51873628
责任编辑：汪 敏 包 宁
封面设计：高博越
责任校对：焦桂荣
责任印制：樊启鹏

出版发行：中国铁道出版社有限公司（100054，北京市西城区右安门西街 8 号）
网　　址：http://www.tdpress.com/51eds/
印　　刷：三河市兴博印务有限公司
版　　次：2021 年 9 月第 1 版　　2021 年 9 月第 1 次印刷
开　　本：787 mm×1 092 mm 1/16　印张：11　字数：274 千
书　　号：ISBN 978-7-113-28215-8
定　　价：36.00 元

前　言

　　本书为大学计算机网络相关课程配套的实验和实践指导教材。本书内容共分两部分：第一部分为单项实验，列出了计算机网络所涉及的大部分单项实验内容，可供读者在计算机网络课程实验时按照内容操作，也可以供读者课外选择实验操作；第二部分为综合实践，可用于在实验课堂上进行综合实践，也可以作为课程设计内容，由读者在课程设计实践中完成，同样可以供读者课外选做。附录中列出了实验（实践）报告格式，方便教师统一成绩和归档管理；提供了每个实验和实践的思考题参考答案，方便读者参照。

　　本书涉及的内容比同类教材要全，既有单项实验，又有大型综合实践；内容比较新颖，涉及物联网、虚拟化数据中心等相关内容；同时设计的实验、实践都来自实际的计算机网络案例，具有较强的现实指导意义和可操作性。

　　本书采用的设备模拟工具为 Cisco Packet Tracer 软件，因此本书实验所涉及的设备命令均采用思科设备的命令，其他厂家的设备命令可能有所不同，但所涉及的理论是一样的。

　　本书编者为浙江理工大学科技与艺术学院从事一线教学和管理工作的老师，由黄志远任主编，王晓军任副主编，编者长期从事高校校园网络的规划、建设及运维管理，具有丰富的实践经验，希望将网络知识通过模拟器来实验和实践，让有兴趣学习计算机网络知识的读者在不方便操作真实设备的情况下也能学好网络知识。

　　本书的编写工作在浙江理工大学科技与艺术学院计算机科学与技术学科（一级学科 B）建设经费资助下得以顺利完成，在此，对有关领导和同仁深表谢意！

　　由于编者水平有限，编写时间紧迫，网络技术更新较快，本书不足和疏漏之处在所难免，恳请专家和广大读者不吝批评指正。

编　者

2021 年 6 月

目　　录

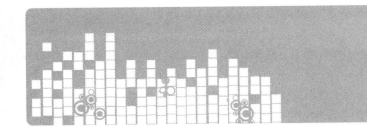

实验 1 网络线缆的认识和制作

一、实验目的与要求

（1）了解与布线有关的标准和标准组织。

（2）熟悉三类 UTP 线缆的作用及其制作。

（3）了解 UTP 线缆测试的主要指标，并学会简单网络线缆测试仪的使用。

（4）对无线传输介质有一定的认识。

二、实验相关理论与知识

1. 传输介质

传输介质泛指计算机网络中用于连接各个通信设备的物理媒介，传输介质分为有线介质和无线介质两大类。

有线介质有同轴电缆、双绞线和光纤等。其中双绞线按照是否有屏蔽层又可以分为屏蔽双绞线（STP）和非屏蔽双绞线（UTP）。STP 抗干扰性较好，但由于其价格较贵，不易安装等原因，实际使用不多，目前布线系统规范通常建议采用 UTP 进行水平布线。

目前，按照性能与作用的不同，UTP 可以分为 1、2、3、4、5、5e、6、6e 等，其中适用于计算机网络的是 3 类以上的 UTP。5 类 UTP 的传输速率为 10 ~ 100 Mbit/s，线缆的最长传输距离为 100 m。5e 类 UTP 线缆通过性能增强设计后可支持 1 000 Mbit/s 的传输速率，又称增强型 5 类或超 5 类。6 类 UTP 线缆的标准于 2003 年颁布，是专为 1 000 Mbit/s 传输制定的布线标准。6e 类线是 6 类线的改进版，是 ANSI/EIA/TIA-568B.2 和 ISO 6 类/E 级标准中规定的一种非屏蔽双绞线电缆，主要应用于千兆位网络中，与 6 类线一样，传输频率也是 200 ~ 250 MHz，最大传输速率也是 1 000 Mbit/s，在串扰、衰减和信噪比等方面比 6 类线有较大改善。

7 类双绞线是 F 级标准中较新的一种双绞线，它主要是为了适应万兆位以太网技术的应用和发展而推出，不过它不再是非屏蔽双绞线，而是一种屏蔽双绞线。它可以提供至少

500 MHz 的综合衰减对串扰比和 600 MHz 的整体带宽，是 6 类线和 6e 类线的 2 倍以上，传输速率可达 10 Gbit/s。在 7 类线缆中，每一对线都有一个屏蔽层，四对线合在一起还有一个公共大屏蔽层。从物理结构上来看，额外的屏蔽层使得 7 类线有一个较大的线径。

无线介质分为无线电波、微波、红外线等。无线电波是指在自由空间（包括空气和真空）传播的射频频段的电磁波。微波是指频率为 300 MHz ~ 300 GHz 的电磁波，是无线电波中一个有限频带的简称，即波长在 1 m（不含 1 m）到 1 mm 之间的电磁波，是分米波、厘米波和毫米波的统称。微波频率比一般的无线电波频率高，通常也称"超高频电磁波"。红外线是太阳光线中众多不可见光线中的一种，可分为三部分，即近红外线，波长为 0.75 ~ 1.50 μm；中红外线，波长为 1.50 ~ 6.0 μm；远红外线，波长为 6.0 ~ 1 000 μm。

2．UTP 线缆的组成

大部分 UTP 线缆内部由四对线组成，每一对线由相互绝缘的铜线拧绞而成，拧绞的目的是减少电磁干扰，双绞线的名称也由此而来。每一根线的绝缘层都有颜色，一般其颜色排列可能有两种情况。第一种情况是由四根白色的线分别和一根橙色、一根绿色、一根蓝色、一根棕色的线相间组成，通常把与橙色相绞的白色的线称为橙白色线，与绿色线相绞的白色的线称为绿白色线，与蓝色相绞的白色的线称为蓝白色线，与棕色相绞的白色的线称为棕白色线。第二种情况是由八根不同颜色的线组成，其颜色分别为橙白（由一段白色与一段橙色相间而成）、橙、绿白、绿、棕白、棕、蓝白、蓝。市面上的双绞线大多数为第二种情况的双绞线。

注意：由于双绞线内部的线对均已经在技术上按照抗干扰性能进行了相应设计，所以使用者切不可将两两相绞线对的顺序打乱，如将绿白线误作为棕白线或其他线等，也不能将相互拧绞的两根线在双绞线露出的地方分开。

3．三种 UTP 线缆的作用及其线序排列

（1）直连线的作用和线图。直连线使用范围较广，一般用于将计算机连入交换机的以太网口，或在结构化布线中由配线架连到交换机等。UTP 直连线的连接示意图如图 1-1 所示。

图 1-1　UTP 直连线的连接示意图

表 1-1 给出了根据 EIA/TIA 568-B[①]标准直连线的线序排列，EIA/TIA 568-B 标准也称端接 B 标准。

表 1-1　EIA/TIA 568-B 标准直连线的线序

线序	1	2	3	4	5	6	7	8
端 1	橙白	橙	绿白	蓝	蓝白	绿	棕白	棕
端 2	橙白	橙	绿白	蓝	蓝白	绿	棕白	棕

---

① EIA/TIA 568-B 是一种布线标准，其线序与 EIA/TIA 568-A 有所不同，具体请查阅标准的详细内容。

（2）交叉线的作用和线图。交叉线最早用于将计算机与计算机直接相连，以及将交换机与交换机直接相连[1]，也用于将计算机直接接入路由器的以太网口，或者路由器与路由器相连。UTP 交叉线的连接示意图如图 1-2 所示。

图 1-2　UTP 交叉线的连接示意图

表 1-2 给出了 EIA/TIA 568-B 标准交叉线的线序排列。

表 1-2　EIA/TIA 568-B 标准交叉线的线序

线序	1	2	3	4	5	6	7	8
端 1	橙白	橙	绿白	蓝	蓝白	绿	棕白	棕
端 2	绿白	绿	橙白	蓝	蓝白	橙	棕白	棕

（3）反转线的作用和线图。反转线用于将计算机连到交换机或路由器的控制端口（Console口），用于配置交换机或者路由器设备。在这个连接场合，计算机所起的作用相当于它是交换机或路由器的超级终端。UTP 反转线的连接示意图如图 1-3 所示。

图 1-3　UTP 反转线的连接示意图

表 1-3 给出了 EIA/TIA 568-B 标准反转线的线序排列。

表 1-3　EIA/TIA 568-B 标准反转线的线序

线序	1	2	3	4	5	6	7	8
端 1	橙白	橙	绿白	蓝	蓝白	绿	棕白	棕
端 2	棕	棕白	绿	蓝白	蓝	绿白	橙	橙白

三、实验环境与设备

（1）长度为 1.5 m 左右的 UTP 线缆若干，RJ-45 水晶头若干。

（2）剥线工具、压线工具和网线测试仪各一套。

（3）安装网卡的 PC 和交换机各一台。

---

[1] 因目前计算机和网络设备具备智能翻转功能，故直连线也可以代替交叉线进行大部分设备的连接。

四、实验内容与步骤

1．制作直连线

（1）取适当长度的 UTP 线缆一段，用剥线工具在线缆的一端剥出一定长度的线缆。

（2）用手将四对拧绞在一起的线缆按橙白、橙、绿白、绿、蓝白、蓝、棕白、棕的顺序拆分开来并小心地拉直，注意不可用力过大，以免扯断线缆。

（3）两端依次按表 1-1 的顺序调整线缆的颜色顺序。

（4）将线缆整平直并剪齐，建议保留平直线缆的最大长度不超过 1.2 cm。如果留得太长，那么线的外皮无法包在 RJ-45 水晶头里，同时在露出部分会留有未拧绞的部分；如果留得太短，那么铜丝无法插入 RJ-45 水晶头的底部，易导致接触不良。

（5）将线缆八根铜丝插入 RJ-45 水晶头，在放置过程中要注意 RJ-45 水晶头的平面朝上，并保持线缆的颜色顺序不变。

（6）检查已放入 RJ-45 水晶头的线缆颜色顺序，并确保线缆的末端已位于 RJ-45 水晶头的底端。

（7）确认无误后，用压线工具用力压制 RJ-45 水晶头，以使 RJ-45 插头内部的金属薄片能穿破线缆的绝缘层，从而使金属片与铜丝接触。

（8）重复步骤（1）～（7）制作线缆的另一端，直至完成直连线的制作。

（9）用网线测试仪检查所制作的网线，确认其达到直连线线缆的合格要求，否则按测试仪提示重新制作。

2．制作交叉线

（1）按照制作直连线中的步骤（1）～（7）制作线缆的一端。

（2）用剥线工具在线缆的另一端剥出一定长度的线缆。

（3）用手将四对拧绞在一起的线缆拆分开来，按绿白、绿、橙白、蓝、蓝白、橙、棕白、棕的顺序排列并小心地拉直，注意不可用力过大，以免扯断线缆。

（4）将线缆整理平直并剪齐，确保平直线缆的最大长度不超过 1.2 cm。

（5）检查已放入 RJ-45 水晶头的线缆颜色顺序，并确保线缆的末端已位于 RJ-45 水晶头的底端。

（6）确认无误后，用压线工具用力压制 RJ-45 水晶头，以使 RJ-45 插头内部的金属薄片能穿破线缆的绝缘层，从而使金属片与铜丝接触。

（7）用网线测试仪检查所制作的网线，确认其达到交叉线线缆的合格要求，否则按测试仪提示重新制作。

3．制作反转线

（1）按制作直连线的步骤（1）～（7）制作线缆的一端。

（2）用剥线工具在线缆的另一端剥出一定长度的线缆。

（3）用手将四对拧绞在一起的线缆按白橙、橙、白绿、绿、白蓝、蓝、白棕、棕的顺序拆分开来并小心地拉直，然后交换绿线与蓝线的位置，最终线序为白橙、橙、白绿、蓝、白蓝、绿、白棕、棕。

（4）将线缆整理平直并剪齐，确保平直线缆的最大长度不超过 1.2 cm。

（5）将线缆放入 RJ-45 水晶头，在放置过程中要注意 RJ-45 水晶头的平面朝下，并保持线缆的颜色顺序不变。

（6）翻转 RJ-45 水晶头方向，使其平面朝上，检查已放入 RJ-45 水晶头的线缆颜色顺序是否和表 1-3 中的端 2 颜色顺序一致，即与该线另一端线序刚好相反，并确保线缆的末端已位于 RJ-45 水晶头的底端。

（7）确认无误后，用压线工具用力压制 RJ-45 水晶头，以使 RJ-45 水晶头内部的金属薄片能穿破线缆的绝缘层，直至完成反转线的制作。

（8）用网线测试仪检查所制作的网线，确认其达到反转线线缆的合格要求，否则按测试仪提示重新制作。

五、实验思考

1. 双绞线中的线缆为何要成对地拧绞在一起？其作用是什么？在实验过程中，为什么线缆剪掉剩余平直的最大长度不超过 1.2 cm？

2. 多功能网线测试仪除了可以测试线缆的连通性外，还能提供哪些相关线缆性能的测试？

3. 通过上网搜索或其他查阅资料的方式，查找关于光纤线缆的有关知识，重点理解铜缆和光缆的区别以及两者的优缺点。

实验 2　常用网络命令的使用

一、实验目的与要求

（1）熟练使用 Ping 命令，学会利用其对网络故障进行诊断。

（2）熟练使用 Ipconfig 命令，理解其显示的各项信息。

（3）熟练使用 Tracert 命令，学会利用其对网络故障进行诊断。

（4）熟练使用 Netstat 命令，理解其显示的各项信息。

二、实验相关理论与知识

1. Ping 命令

Ping 命令用于测试网络连接的程序。Ping 是工作在 TCP/IP 网络体系结构中应用层的一个服务命令，主要是向特定目的主机发送 ICMP（Internet Control Message Protocol，因特网报文控制协议）Echo 请求报文，测试目的站是否可达及了解其有关状态。Ping 用于确定本地主机是否能与另一台主机成功交换（发送与接收）数据包，根据返回的信息，可以推断 TCP/IP 参数是否设置正确，协议运行是否正常，网络是否通畅等。

需要注意的是，Ping 成功并不一定就代表能正常访问对方主机的网络应用，还需要进行开放端口连通性测试，才能确信网络应用配置的正确性。如果执行 Ping 成功而网络仍无法使用，那么问题很可能出在网络系统的软件配置方面，Ping 成功仅说明主机与目的主机间存在一条连通的物理路径。

正常情况下，当使用 Ping 命令来查找问题所在或检验网络运行情况时，需要 Ping 不同的地址来确认问题所在，如果某些地址无法 Ping 通，可以根据不同的地址来确定问题的原因。下面给出一个典型的检测次序及对应可能的故障。

Ping 127.0.0.1——这个 Ping 命令发送 Ping 包给自己的 IP 软件，正常情况下应该能 Ping 通；如果不通，表示系统 TCP/IP 协议的安装或运行存在某些基本的问题。

Ping 本机 IP——这个命令被送到计算机所配置的 IP 地址，计算机始终应该对该 Ping 命令做出应答；如果没有，表示本地 IP 配置有问题或网络电缆未正常连接。

Ping 局域网内其他 IP——这个命令应该离开自己的计算机，经过网卡及网络电缆到达其他计算机，再返回。收到回送应答表明本地网络中的网卡和载体运行正确；如果收到 0 个回送应答，表示子网掩码（进行子网分割时，将 IP 地址的网络部分与主机部分分开的代码）不正确或网卡配置错误或电缆系统有问题，还有可能是对方的安全策略阻止了响应。

Ping 网关 IP——这个命令如果应答正确，表示局域网中的网关路由器正在运行，并能够做出应答。

Ping 远程 IP——如果收到四个应答，表示成功地使用了默认网关。对于拨号上网用户，则表示能够成功访问 Internet。

Ping www.baidu.com——对这个域名执行 Ping 命令，计算机必须先将域名转换成 IP 地址，通常是通过 DNS 服务器。如果出现故障，则表示 DNS 服务器的 IP 地址配置不正确或 DNS 服务器有故障。

Ping 命令常用参数及说明见表 1-4（以下针对 Windows 操作系统，其他操作系统可能不同）。

表 1-4　Ping 命令常用参数及说明

参　数	说　明
不带参数	显示 Ping 命令可以使用的参数及参数说明
−t	一直 Ping 指定的主机，直到用户主动停止。若要查看统计信息并继续操作，可按【Ctrl+Break】组合键；若要停止，可按【Ctrl+C】组合键
−n count	发送指定的数据包数，如不带此参数则默认发送四个
−l size	指定发送的数据包的大小，如不指定，则默认发送的数据包大小为 32 B
−f	在数据包中设置"不分段"标记（仅适用于 IPv4），数据包就不会被路由上的网关分段
−i TTL	将"生存时间"字段设置为 TTL 指定的值
−r count	记录计数跃点的路由（仅适用于 IPv4），最多记录九个
−w timeout	指定超时间隔，单位为 ms
−4	强制使用 IPv4
−6	强制使用 IPv6

根据不同的情况，Ping 命令会返回不同的信息，以下列出了可能返回的不同情况（不同操作系统返回的文字表述可能不同）。

（1）Request timed out（请求超时）。收到此响应信息有以下可能：对方已关机，或者网络上根本没有这个地址；对方与自己不在同一网段内，通过路由也无法找到对方；对方确实存在，但设置了 ICMP 数据包过滤（如防火墙设置）；IP 地址设置错误。

（2）Destination host unreachable。收到此响应信息有以下可能：对方主机不存在或者没有跟对方建立连接；对方与自己不在同一网段内，而自己又未设置默认路由；网线未正确连接或者网线出了故障。

返回 Destination host unreachable 和 Request timed out 是有区别的：如果所经过路由器的路由表中具有到达目标的路由，而目标因为其他原因不可到达，会出现 Request timed out；如果路由表中连到达目标的路由都没有，就会出现 Destination host unreachable。

（3）Ping request could not find host. Please check the name and try again。收到此响应信息有以下可能：没有正确设置 DNS 服务器，无法解析域名地址；也可能是 IP 地址不存在。

2. Ipconfig 命令

Ipconfig 命令可用于显示当前 TCP/IP 配置的参数值，用来检验主机配置的 TCP/IP 参数是否正确。该命令可带参数使用，表 1-5 列出了常用参数及说明。TCP/IP 配置有静态配置和动态配置两种方式，而表中的部分命令可能对静态配置地址无效；如果计算机使用动态主机配置协议（Dynamic Host Configuration Protocol，DHCP，Windows 自动动态 IP 分配），那么这些命令均有效。

表 1-5　Ipconfig 命令常用参数及说明

参　　数	说　　明
/?	显示 Ipconfig 命令可以使用的参数及参数说明
/all	显示本机 TCP/IP 配置的详细信息
/release	DHCP 客户端手工释放 IP 地址
/renew	DHCP 客户端手工向服务器刷新请求
/flushdns	清除本地 DNS 缓存内容
/displaydns	显示本地 DNS 内容
/registerdns	DNS 客户端手工向服务器进行注册
/showclassid	显示网络适配器的 DHCP 类别信息
/showclassid Local*	显示名称以 Local 开头的所有适配器的 DHCP 类别 ID
/setclassid	设置网络适配器的 DHCP 类别

3. Tracert 命令

Tracert 是路由跟踪实用程序，用于确定 IP 数据包访问目标所采取的路径。Tracert 命令使用 IP 生存时间（TTL）字段和 ICMP 错误消息确定从一个主机到网络上其他主机的路由。Tracert 命令常用参数及说明见表 1-6。

表 1-6　Tracert 命令常用参数及说明

参　　数	说　　明
−d	指定不将地址解析为计算机名
−h maximum_hops	指定搜索目标的最大跃点数

续表

参　数	说　明
–j host-list	与主机列表一起的松散源路由（仅适用于 IPv4），指定沿 host-list 的稀疏源路由列表序进行转发。host-list 是以空格隔开的多个路由器 IP 地址，最多 9 个
–w timeout	等待每个回复的超时时间（以 ms 为单位）
–R	跟踪往返行程路径（仅适用于 IPv6）
–4	强制使用 IPv4
–6	强制使用 IPv6

Tracert 工作原理：通过向目标发送不同 IP TTL 值的 ICMP 回应数据包，确定到目标所采取的路由。要求路径上的每个路由器在转发数据包之前至少将数据包上的 TTL 递减 1。数据包上的 TTL 减为 0 时，路由器应该将"ICMP 已超时"的消息发回源系统。

Tracert 首先发送 TTL 为 1 的回应数据包，随后每次发送过程中将 TTL 递增 1，直到目标响应或 TTL 达到最大值，从而确定路由。通过检查中间路由器发回的"ICMP 已超时"消息确定路由。某些路由器不经询问直接丢弃 TTL 过期的数据包，这在 Tracert 中看不到。

4．Netstat 命令

Netstat 命令的功能是显示网络连接、路由表和网络接口信息，可以让用户得知有哪些网络连接正在运行。使用时如果不带参数，Netstat 显示活动的 TCP 连接。Netstat 命令常用参数及说明见表 1-7。

表 1-7　Netstat 命令常用参数及说明

参　数	说　明
–a	显示所有的有效连接信息列表，包括已建立的连接（ESTABLISHED），也包括监听连接请求（LISTENING）的那些连接
–b	可显示在创建网络连接和监听端口时所涉及的可执行程序
–s	按照各个协议分别显示其统计数据。如果应用程序（如 Web 浏览器）运行速度比较慢，或者不能显示 Web 页之类的数据，那么就可以用本选项来查看所显示的信息。需要仔细查看看统计数据的各行，找到出错的关键字，进而确定问题所在
–e	用于显示关于以太网的统计数据，它列出的项目包括传送数据报的总字节数、错误数、删除数，包括发送和接收量（如发送和接收的字节数、数据包数），或有广播的数量。可以用来统计一些基本的网络流量
–r	显示关于路由表的信息。除了显示有效路由外，还显示当前有效的连接
–n	显示所有已建立的有效连接
–p	可指定协议名来查看某协议使用情况

三、实验环境与设备

真实 PC 主机，并带有上网环境。

四、实验内容与步骤

1. 执行 Ipconfig 命令

使用 Ipconfig 命令查看本机网络相关参数，如图 1-4 所示，仔细察看自己计算机的显示并记录显示结果。

尝试执行带参数的 Ipconfig 命令，例如 Ipconfig /all，执行结果如图 1-5 所示。与 Ipconfig 命令相比，显示的信息明显多了很多。根据本实验相关理论与知识中关于 Ipconfig 命令的内容，请读者自行尝试再执行一些其他参数，比较并记录执行结果。

图 1-4　Ipconfig 命令显示网络参数　　　图 1-5　Ipconfig /all 命令显示网络参数

2. 执行 Ping 命令

首先 Ping 局域网中一个存在的地址，例如局域网中有一台网络打印机，其 IP 地址为 10.66.32.254，则能正常 Ping 通，如图 1-6 所示。

如果 Ping 的对象是一个不活跃的主机的 IP 地址，则无法 Ping 通，其显示结果如图 1-7 所示。

图 1-6　正常 Ping 通的显示结果　　　　图 1-7　无法 Ping 通的显示结果

根据本实验相关理论与知识里关于 Ping 命令的内容，使用带参数的 Ping 命令，如 -t 参数，其执行结果就是不停地去 Ping 所指定的主机，直到命令被人为终止，如图 1-8 所示。这在排查网络故障问题时可以动态显示主机的故障情况。同样可以尝试其他参数，比较执行的结果并记录。

3．执行 Netstat 命令

输入 Netstat -a，结果会显示所有当前主机与外部主机的有效连接列表，如图 1-9 所示。同样可以根据本实验相关理论与知识里关于 Netstat 命令的内容，尝试使用其他带参数的 Netstat 命令，比较其差异并记录和总结。

图 1-8　带 -t 参数的 Ping 主机显示结果

图 1-9　Netstat 命令显示结果

4．执行 Tracert 命令

使用 Tracert 跟踪一台主机，结果如图 1-10 所示。结果显示，从本机直接到达主机，中间未经过任何设备，说明该地址和本机同属一个局域网。

当跟踪的地址需要经过多个网关路径时，结果会显示所有经过的结点及所需时间，结果如图 1-11 所示。可以看到，达到 www.baidu.com 服务器，中间经过了 16 个结点，有一部分结点没有地址，其信息为 "*"，并显示请求超时，表示该结点网络设备有安全策略，不响应 ICMP 请求，但这不影响整个路由的跟踪。

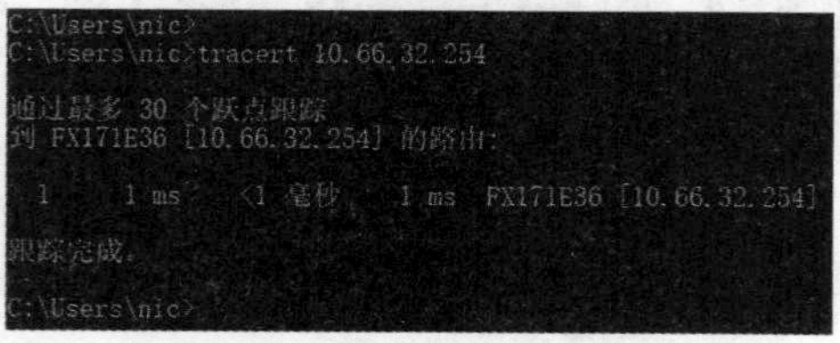

图 1-10　Tracert 命令显示结果

图 1-11　跟踪 www.baidu.com 服务器

五、实验思考

1. 假设你的计算机平时能正常上网，某天突然不能上网了，你能否查出是什么原因造成的？你的思路是怎样的？
2. 如何查看一台计算机的 MAC 地址？有哪些方法？
3. 查阅资料了解 Linux 操作系统下的常用网络命令及其使用方法。

实验 3　网络模拟器 Cisco Packet Tracer 的使用

一、实验目的与要求

（1）学会安装和配置 Cisco Packet Tracer。
（2）学会使用 Cisco Packet Tracer 模拟网络场景。
（3）通过模拟网络，加深对网络环境、网络设备和网络协议的认识。

二、实验相关理论与知识

Cisco Packet Tracer 是由 Cisco 公司发布的一个辅助学习工具，能模拟终端设备、网络设备、组件、连接器以及多用户连接等，为学习网络课程的初学者设计、配置、排除网络故障提供了网络模拟环境。

用户可以在软件的图形界面上直接拖动设备或者连线建立网络拓扑，并可模拟数据包在网络传输的详细过程，观察网络实时运行情况。通过该模拟软件，可以熟悉设备的配置命令，通过配置加深对计算机网络相关原理的理解，提高排查计算机网络故障的能力。

三、实验环境与设备

真实主机一台，并安装有 Cisco Packet Tracer 8.0 软件。

四、实验内容与步骤

1. 安装 Cisco Packet Tracer 8.0 软件

从网上下载 Cisco Packet Tracer 8.0 软件，双击软件安装程序，打开软件安装界面，如图 1-12 所示。

选择接受协议后单击 Next 按钮，弹出图 1-13 所示对话框。

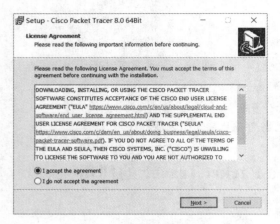

图 1-12　软件安装界面

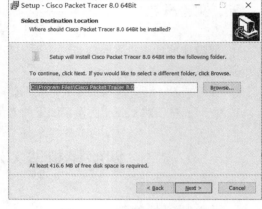

图 1-13　选择软件安装路径

选择安装路径，也可以使用软件默认安装路径，单击 Next 按钮，弹出图 1-4 所示对话框。

单击 Next 按钮，弹出图 1-15 所示对话框，选择是否创建桌面快捷方式和快速启动快捷方式，根据需要进行选择后，单击 Next 按钮。

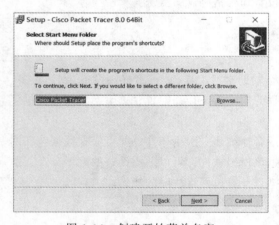

图 1-14　创建开始菜单名字

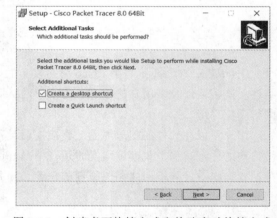

图 1-15　创建桌面快捷方式和快速启动快捷方式

准备安装，如图 1-16 所示，显示安装的路径和需要创建的快捷方式，如需更改，则可单击 Back 按钮返回修改，如确认无误可直接单击 Install 按钮进行安装，等待软件安装完成即可。

2．软件使用

打开 Cisco Packet Tracer 8.0 软件界面，如图 1-17 所示，上面是菜单栏，中间是工具栏，左下栏为设备栏。平时使用时将需要添加的设备直接用鼠标拖进工作区即可。

3．尝试做一个简单的模拟实验

（1）添加设备，把要用到的设备拖进工作区。本实验所用设备如图 1-18 所示，即两台 1941 路由器，一台 2960 交换机和两台普通 PC 主机，通过连线和配置，最终使 PC0 能 Ping 通 PC1。

（2）设备连线，单击"闪电"图标，里面有各种连接线供选择，计算机与路由器之间用交叉线连接，路由器与交换机之间用直连线连接，如图 1-19 所示。

图 1-16　软件安装信息确认

图 1-17　Cisco Packet Tracer 8.0 软件界面

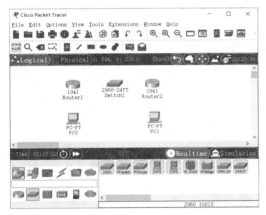

图 1-18　添加设备示意图

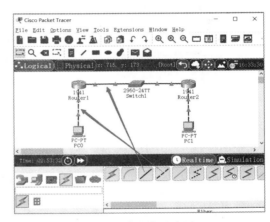

图 1-19　连线示意图

（3）为两个路由器设置 IP 地址，单击 Router1 进入设置面板，选择 Config 选项卡，在 INTERFACE 里面有 GigabitEthernet0/0、GigabitEthernet0/1 两个网卡。为 GigabitEthernet0/0 设置 IP 地址为 192.168.1.1，子网掩码为 255.255.255.0，如图 1-20 所示；为 GigabitEthernet0/1 设置 IP 地址为 192.168.2.1，子网掩码为 255.255.255.0，如图 1-21 所示。两个网卡在 Port Status 处要勾选 On 复选框，否则端口为 Down 状态。

（4）用同样的方式为 Router2 的两个网卡设置 IP 和子网掩码，其中 GigabitEthernet0/0 的 IP 地址和子网掩码分别为 192.168.2.2 和 255.255.255.0；GigabitEthernet0/1 的 IP 地址和子网掩码分别为 192.168.3.1 和 255.255.255.0。并选中 On 复选框。

如果已经熟悉路由器的操作命令，也可以在 CLI 命令行里完成以上设置，如下所示。

```
Router>enable
Router#config
Router#configure terminal
Enter configuration commands, one per line.  End with CNTL/Z.
Router(config)#interface gigabitEthernet 0/0
Router(config-if)#ip address 192.168.2.2 255.255.255.0
Router(config-if)#exit
Router(config)#interface gigabitEthernet 0/1
```

```
Router(config-if)#ip address 192.168.3.1 255.255.255.0
Router(config-if)#
```

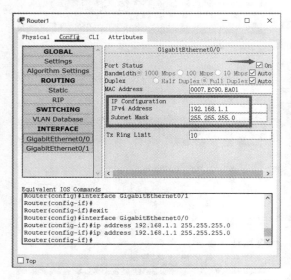 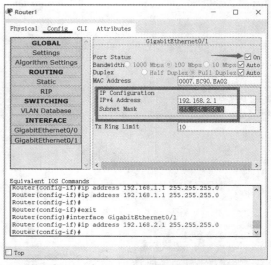

图 1-20　Router1 的 GigabitEthernet0/0 IP 设置　　图 1-21　Router1 的 GigabitEthernet0/1 IP 设置

（5）为两台计算机（PC0 和 PC1）设置 IP 地址，其中 PC0 的 IP 地址和子网掩码分别为 192.168.1.2 和 255.255.255.0，网关地址为 192.168.1.1，如图 1-22 和图 1-23 所示；PC1 的 IP 地址和子网掩码为 192.168.3.2 和 255.255.255.0，网关地址为 192.168.3.1。

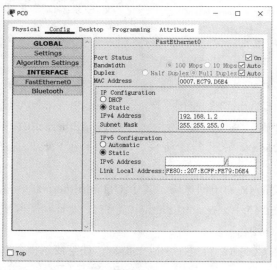 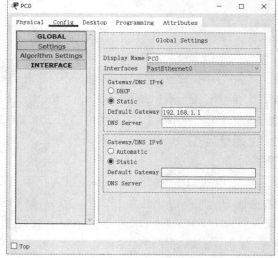

图 1-22　PC0 IP 地址配置　　　　　　　　图 1-23　PC0 默认网关配置

（6）尝试用 PC0 去 Ping PC1，点开 PC0，然后在面板上单击 Desktop，找到带有 run 的图标，即 Command Prompt 程序，如图 1-24 所示。

（7）单击运行 Command Prompt，输入命令 Ping 192.168.3.2，结果显示 Destination host unreachable，如图 1-25 所示。

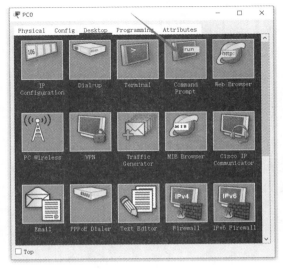

图 1-24　找到 Command Prompt

图 1-25　Ping 192.168.3.2

（8）设置路由，单击 Router1，在 Config 选项卡中找到 ROUTING，单击 Static，在右边输入 Network、Mask、Next Hop 后，单击 Add 按钮，添加到 192.168.3.0 网段的路由，如图 1-26 所示。

（9）单击 Router2，添加一条到网络 192.168.1.0 的路由，其中 Mask 为 255.255.255.0，Next Hop 为 192.168.1.2。设置好路由后，再 Ping 192.168.3.2，此时 PC0 能 Ping 通 PC1，如图 1-27 所示。

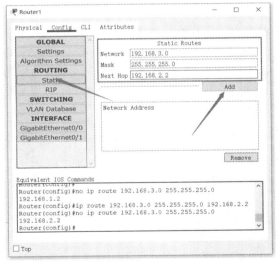

图 1-26　配置 Router1 到 192.168.3.0 网段的路由

图 1-27　PC0 能 Ping 通 PC1

五、实验思考

1. 计算机与路由器之间用什么线缆连接？路由器与交换机之间用什么线缆连接？

2. 实验中图 1-25，PC0 去 Ping PC1，为什么没有设置静态路由不能 Ping 通？

3. 通过路由器的 Config 设置路由和用 CLI 命令设置路由有区别吗？

实验 4　子网掩码与子网划分

一、实验目的与要求

（1）理解子网掩码对于 IP 地址的作用。

（2）理解子网划分的目的和意义。

（3）熟练掌握子网划分的方法。

二、实验相关理论与知识

1．理解子网掩码的含义并划分子网

子网掩码可用于划分子网。例如，一个 A 类地址可以容纳 16 777 214 台主机，但是在实际运用中，不可能把一个 A 类地址只用于一个子网，因为那样管理起来很不方便，所以需要根据实际需求把它划分为若干较小的子网。同理，一个 B 类网络可以容纳 65 534 台主机，往往也需要划分子网。即便在一个小型企业，为了部门之间的职能区分，或者配置哪些计算机可以互相访问，哪些计算机不能互相访问，也需要通过划分子网来实现。

只要理解 IP 地址位数、网络位数、主机位数、子网掩码位数这几个概念，子网划分也就比较容易理解了。

IP 地址位数=网络位数+主机位数=32 位，子网掩码的位数就是网络位数。

A 类网络的网络位数是 8 位，子网掩码是 11111111.00000000.00000000.00000000，换算成二进制表示为 255.0.0.0。

B 类网络的网络位数是 16 位，子网掩码是 11111111.11111111.00000000.00000000，换算成十进制表示为 255.255.0.0。

C 类网络的网络位数是 24 位，子网掩码是 11111111.11111111.11111111.00000000，换算成十进制表示为 255.255.255.0。

A 类网络将子网掩码加长到 16 位就把一个 A 类网络划分为了 256 个与 B 类网络同样大小的网络，再加长到 24 位就又把每个 B 类大小的子网划分为了 256 个 C 类网络大小的子网。一个大的网络，通过把子网掩码加长，使网络位多了，也就是网络数目多了，子网就多了。当然，也可以不划分为 256 个子网，而划分为 128 个、64 个、32 个、16 个、8 个、4 个或者 2 个。

一个 B 类网络的默认子网掩码为 255.255.0.0，如果想把它划分为两个子网，网络位数就成了 17 位，也就是说子网掩码变成了 255.255.128.0；想划分为 16 个子网，因为 $16=2^4$，所以网络位数加 4 变成 20 位，也就是说子网掩码加长，成了 20 位，就是 255.255.240.0。依此类推。

一个 C 类网络的默认子网掩码为 24 位，主机位为 32 位，减去 24 位等于 8 位，$2^8=256$，所以一个 C 类网络的 IP 地址数量为 256 个（包括网络地址和广播地址）。

可以通过加长子网掩码的方式，把一个 C 类子网划分为更多的子网。划分的子网数必定是 2^n，每个子网的 IP 数量必定是 2^{8-n}。

子网掩码加长 1 位，划分 2 个子网；加长 2 位，划分 4 个子网；加长 6 位，划分 2^6 个子网，

也就是 64 个子网。

子网掩码的 1 的个数表示网络位的个数。IP 地址位数=32，网络位+主机位=32。

子网掩码加长 n 位，则在当前子网基础上划分为 2^n 个子网。每个子网的 IP 地址数量=$2^{(32-划分前子网掩码位数-n)}$。

2. 计算子网掩码、网络数量及主机数

简单来说，子网掩码就是网络地址的位数。一个 IP 地址一共有 32 位，其中靠前的某些位表示网络地址，后面的某些位表示主机位，网络位数+主机位数=IP 地址位数=32。

计算子网掩码的方法是：已知子网内 IP 数，求出主机位的位数，用 32 减去主机位数就等于网络位数，也就是子网掩码。

例如，一个 C 类网络，包括 256 个主机位置，$256=2^8$，所以主机位是 8，那么网络位就是 32-8=24，也就是说子网掩码是 24 位，用二进制表示是 11111111.11111111.11111111.00000000，换算成十进制为 255.255.255.0。

例如，一个 C 类网络划分的子网，每个网络主机 IP 数是 32，$32=2^5$，所以主机位是 5，那么网络位就是 32-5=27，也就是说子网掩码是 27 位，用二进制表示是 11111111.11111111.11111111.11100000，换算成十进制为 255.255.255.224。

例如，一个 B 类网络划分的子网，每个网络主机 IP 数是 1 024，$1\,024=2^{10}$，所以主机位是 10，那么网络位就是 32-10=22，也就是说子网掩码是 22 位，用二进制表示是 11111111.11111111.11111100.00000000，换算成十进制为 255.255.252.0。

子网划分是通过改变子网掩码的位数实现的。例如，一个 C 类 IP 地址，默认子网掩码是 24 位，二进制表示是 11111111.11111111.11111111.0000000，换算成十进制为 255.255.255.0。

如果是这样的子网掩码，后面的 8 位都可以用来作为主机的位置，$2^8=256$，一共有 256 个 IP 位置，因为有 2 个不能用，所以可用的主机位置为 254 个。

但是，如果要把这样一个地址划分成两个子网，就要从主机位里拿出一位作为网络地址，网络地址就成了 25 位了。相应地主机位就成了 7 位了，$2^7=128$，一共有 126 个地址可用。

这是从正向来说的，就是已知要划分的子网数，求每个子网的主机数。但是，在实际工作中往往是先知道每个子网的主机数，然后划分子网。

首先算一下主机数更接近于 2 的几次方，那么主机位数就是几位。32 减去主机位就是网络位。

例如，假如有一个 C 类 IP 地址 192.168.0.0 要划分为两个子网，一个里面有 100 台计算机，另一个有 50 台计算机。

100 大于 2^6，小于 2^7，所以主机位数取 7 位，那么网络位数就是 32 减去 7 等于 25 位。25 位的子网掩码 11111111.11111111.11111111.10000000 换算成十进制为 255.255.255.128，这就是第一个子网的子网掩码，网络号为 192.168.0.0/25，网络地址为 192.168.0.0，主机地址为 192.168.0.1~192.168.0.126，广播地址为 192.168.0.127，50 大于 2^5，小于 2^6，所以主机位数取 6 位，那么网络位数就是 32-6=26 位。26 位的子网掩码是 11111111.11111111.11111111.11000000，换算成十进制为 255.255.255.192，这就是第二个子网的子网掩码，网络号为 192.168.0.128/26，网络地址为 192.168.0.128，主机地址为 192.168.0.129~192.168.0.190，广播地址为 192.168.0.191。

三、实验环境与设备

Cisco Packet Tracer 环境：普通 PC 两台；2960 交换机一台；直连线两条。

四、实验内容与步骤

1. 新建实验拓扑

在 Cisco Packet Tracer 中添加两台普通 PC，一台 2960 交换机，其中 PC1 的 F0 口连接到交换机的 F0/1 口，PC2 的 F0 口连接到交换机的 F0/2 口，如图 1-28 所示。

图 1-28　子网掩码与子网划分实验拓扑图

2. 不划分子网，测试主机连通性

配置两台主机的 IP 等参数，其 IP 参数见表 1-8。

表 1-8　主机 IP 参数表

设 备 名	端　口	IP 地 址	子 网 掩 码
PC1	F0	192.168.1.10	255.255.255.0
PC2	F0	192.168.1.20	255.255.255.0

在 PC1 和 PC2 之间用 Ping 命令测试网络的连通性，正常应该能 Ping 通，说明 PC1 和 PC2 在同一个子网中，如图 1-29 所示。

保持 PC1 的 IP 地址不变，PC2 的 IP 地址修改为 192.168.1.254，子网掩码不变。在 PC1 和 PC2 之间用 Ping 命令测试网络的连通性，PC1 仍能 Ping 通 PC2，如图 1-30 所示。

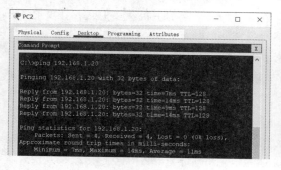

图 1-29　PC1 能 Ping 通 PC2

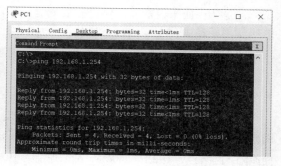

图 1-30　PC1 仍能 Ping 通 PC2

3. 划分子网，测试主机连通性

根据表 1-9 的 IP 地址和子网掩码，重新配置 PC1 和 PC2 的 IP 地址和子网掩码。

表 1-9　改变子网掩码后的 IP 参数表

设 备 名	端　口	IP 地 址	子 网 掩 码
PC1	F0	192.168.1.10	255.255.255.224
PC2	F0	192.168.1.20	255.255.255.224

在 PC1 和 PC2 之间用 Ping 命令测试网络的连通性，PC1 同样能 Ping 通 PC2。

保持 PC1 的 IP 地址不变，PC2 的 IP 地址修改为 192.168.1.40，子网掩码不变。再次用 Ping 命令测试网络的连通性，结果无法 Ping 通，如图 1-31 所示。

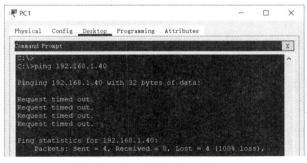

图 1-31　PC1 无法 Ping 通 PC2

4．回答问题（为什么两次 Ping 的结果不一样）

通过 IP 地址及子网掩码可知，在没划分子网的情况下，IP 地址在有效范围内都可以连通，而划分子网以后，连通性受到了限制。例如，IP 地址为 192.168.1.10，子网掩码为 255.255.255.224，将 224 转化成二进制为 11100000，可以看出子网占三位，主机占五位，再将 IP 地址 192.168.1.10 中的 10 转化成二进制 01010，主机地址占五位，为 00000～11111（转化十进制为 0～31），去掉全 0 和全 1，即为 00001～11110（转化十进制为 1～30），因此 IP 地址范围为 192.168.1.1～192.168.1.30，即这些地址在一个子网内，192.168.1.40 不在同一子网内，因此划分子网后，PC1 和 PC2 无法 Ping 通。

五、实验思考

1．分析并回答以下问题，然后在实验室验证结论。

（1）172.16.0.220/25 和 172.16.2.33/25 分别属于哪个子网？

（2）192.168.1.60/26 和 192.168.1.66/26 能不能直接互相 Ping 通？为什么？

（3）210.89.14.25/23、210.89.15.89/23 和 210.89.16.148/23 之间能否直接互相 Ping 通？为什么？

2．某单位分配到一个 C 类 IP 地址，其网络地址为 192.168.1.0，该单位有 100 台左右的计算机，并且分布在两个不同的地点，每个地点的计算机最大数大致相同，试给每一个地点分配一个子网号码，并写出每个地点计算机的最大 IP 地址和最小 IP 地址。

3．某单位分配到一个 C 类 IP 地址，其网络地址为 192.168.10.0，该单位需要划分 28 个子网，请计算出子网掩码和每个子网有多少个 IP 地址。

实验 5　交换机基本配置

一、实验目的与要求

（1）了解配置交换机的方法。
（2）熟悉 CLI 配置界面。
（3）掌握交换机的常用配置命令。

二、实验相关理论与知识

1．交换机基本原理

交换机工作在二层，可以用来隔离冲突域，在 OSI 参考模型中，二层的作用是寻址，交换机的作用是寻址和转发。在每个交换机中，都有一张 MAC 地址表，这个表是交换机自动学习获得的。交换机提供以太网间的透明桥接和交换，依据链路层的 MAC 地址，将以太网数据帧在端口间进行转发。

2．交换机常用配置命令

以下列出以太网交换机常用的一些命令及其功能介绍。

```
Switch>（用户模式）
Switch>enable（进入特权模式）
Switch#
Switch#config terminal（进入全局模式）
Switch(config)#
Switch(config)#interface f0/1（进入接口模式）
Switch(config-if)#
Switch(config)#line console0（进入 line 模式）
Switch(config-line)#
Switch(config-line)#exit（退回上层）
Switch(config-if)#end（结束所有操作，回到特权模式）
Switch(config)#hostname aaa（配置交换机主机名）
switch#show running-config（查看运行的配置情况）
Switch(config)#show running-config interfacef0/1（查看 F0/1 接口的配置）
Switch(config)#enable password111（设置特权模式密码，明文）
Switch(config)#enable secret111（设置特权模式密码，密文）
Switch(config)#line console0
Switch(config-line)(password 333)
Switch(config-line)#login（设置 Console 密码）
Switch(config)#interface vlan1
Switch(config-if)#ip address 192.168.1.2 255.255.255.0（设置 IP 地址）
Switch(config-if)#no shutdown（启用接口）
Switch(config)#ip default-gateway 192.168.1.1（设置网关）
Switch#show mac-address-table（查看 MAC 地址表）
Switch#show cdp（查看 cdp 全局配置信息）
Switch#show cdp interfacef0/1（查看 cdp 接口配置信息）
```

```
Switch#show cdp traffic（查看 cdp 包的配置信息）
Switch#show cdp neighbors（查看 cdp 邻居基本信息）
Switch#show cdp neighbors detail（查看 cdp 邻居详细信息）
Switch#copy running-config startup-config（保存交换机配置信息方法 1）
Switch#write（保存交换机配置信息方法 2）
Switch#erase startup-config（恢复交换机出厂信息）
Switch#reload（重启加载交换机）
Switch#vlan database（进入 VLAN 模式）
Switch(vlan)#vlan20 name aaa（创建 VLAN 号为 20 的 VLAN 并命名为 aaa）
Switch(vlan)#no vlan20（删除 VLAN）
Switch(config)#interface f0/1
Switch(config-if)#switch port access vlan20（添加单个端口到 VLAN20）
Switch#show vlan brief（验证 VLAN）
Switch(config)#interface range f0/1-5（进入多端口同时配置模式）
Switch(config-if-range)#switch port access vlan20（添加多端口到 VLAN 20）
Switch(config)#interface f0/1（进入接口）
Switch(config-if)#switchport mode trunk（设置为 trunk 端口）
Switch(config-if)#switchport mode dynamic desirable/auto（配置其他 trunk）
```

交换机密码恢复：首先断开电源，按住 MODE 键，加电（等待数秒），等到出现 switch:

```
switch:flash_init（初始化 flash）
switch:dirflash:（查看交换机文件，此步可省去）
switch:rename config.text config.old（将配置文件改名）
switch:boot（重启交换机）
switch>enable（进入特权模式）
switch#dir flash:（查看交换机文件，此步可省去）
switch#rename config.old config.text（将改掉的配置文件的名字改回来）
switch#copyflash:config.text running-config（复制到系统内）
switch#confit terminal（进入全局模式）
switch(config)#enable password 222（设置新密码）
```

三、实验环境与设备

Cisco Packet Tracer 环境：2960 交换机一台；PC 一台；Console 配置线一条；直连线一条。

四、实验内容与步骤

1. 新建实验拓扑

打开 Cisco Packet Tracer 软件，添加一台 2960 交换机，一台 PC，利用带 RJ-45 连接器的配置电缆（Console 线）将计算机的 RS232 口与交换机的 Console 口相连，如图 1-32 所示。

2. 配置交换机的方法

（1）使用超级终端配置交换机。打开 PC 的 Desktop，找到 Terminal，单击打开，Terminal configuration 中的各项参数无须修改，单击 OK，即可连接交换机进行配置，如图 1-33 所示。

（2）使用 CLI 界面配置交换机。另外一种配置交换机的方式是直接打开 Switch1 窗口，找到 CLI 选项卡，也就打开了交换机的配置界面，如图 1-34 所示。这种配置交换机的方式是 Cisco Packet Tracer 本身提供的。

计算机网络实验与实践指导

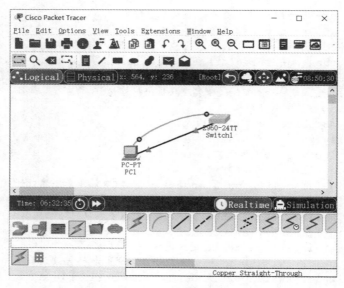

图 1-32 交换机基本配置实验拓扑图

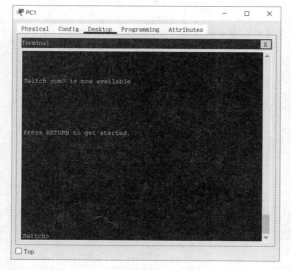

图 1-33 使用 PC 的超级终端配置交换机

图 1-34 使用 CLI 配置交换机

（3）远程配置交换机。这种方式使用 Telnet 协议来远程连接交换机，此方式要求交换机已经完成 Telnet 远程连接所需要的配置（包括 IP 地址）。

3. 使用命令配置交换机

（1）配置交换机的名字和密码。从前面两种配置交换机的方式中随便选择一种来配置交换机，首先进入用户模式，配置交换机的名称和密码。

```
Switch>（用户模式提示符）
Switch>enable（进入特权模式）
Switch#（特权模式提示符）
Switch# config terminal（进入全局配置模式）
```

```
Switch(config)#（全局配置模式提示符）
Switch(config)# hostname SwitchA（设置主机名为 SwitchA。为交换机命名，能够唯一的
标识网络中的每台交换机，有助于对网络的管理）
Switch (config)# enable password cisco（设置进入特权模式的密码，密码区分大小写）
Switch(config)# enable secret cisco（设置加密的密码，作用与 enable password 相
同，但更加安全）
Switch(config)# end（退回到特权模式）
Switch# show running-config（显示当前运行的配置）
Switch# copy running-config startup-config（保存配置）
```

对交换机进行配置操作，只是修改了当前运行的配置，交换机断电或重启后运行配置
会丢失。如果希望交换机重启以后该配置继续生效，则必须把当前的运行配置保存为启动
配置。

（2）配置交换机端口的关闭和启用。

```
Switch# configure terminal（进入配置模式）
Switch(config)#interface{vlanvlan-id}|{{fastethernet|gigabitethernet}int
erface-id}|{port-channel port-channel-number}（选择要关闭的端口）
Switch(config-if)# shutdown（关闭接口）
Switch(config-if)# no shutdown（启用接口）
```

（3）配置交换机 IP 地址、默认网关、域名、域名服务器。设置交换机的 IP 地址、网关、
域名等信息，只是为了能够从网络的任何地方远程管理交换机，没有其他用途。在没有划分 VLAN
时，交换机默认存在 VLAN1，VLAN1 的 IP 就是交换机的管理 IP。某些型号的交换机（如 Catalyst
2960）可以为每个 VLAN 提供一个管理 IP，进入 VLAN 后可以设置该 VLAN 内的管理 IP。

```
Switch(config)# int vlan1（进入 VLAN1 的配置模式）
Switch(config-if)# ip address 192.168.1.1 255.255.255.0（设置交换机 IP 地址）
Switch(config-if)# no shutdown（开启 VLAN1）
Switch(config-if)# exit（退回到全局配置模式）
Switch(config)# ip default-gateway 192.168.1.254（设置默认网关）
Switch(config)# ip domain-name cisco. com（设置域名）
Switch(config)# ip name-server 10.11.248.114（设置域名服务器）
Switch(config)# end（回到特权模式）
Switch# wr（保存当前配置，此命令与前面的 copy running-config startup-config 作用一样）
```

（4）配置 Telnet 的远程登录会话和密码。

```
Switch# config terminal（进入全局配置模式）
Switch (config)# line vty 0 4（进入虚拟终端端口 vty0~vty4 的配置模式，其中 0 4
定义了可以同时进行 5 个虚拟终端 Telnet 会话。Catalyst 2960 最多支持 0 15 共 16 个
Telnet 连接）
Switch (config-line)# password cisco（为 Telnet 指定远程登录的虚拟终端密码）
Switch(config-if)# exit（退回到全局配置模式）
```

设置 PC1 的 IP 地址为 192.168.1.2，子网掩码为 255.255.255.0，然后打开 PC1 的 cmd 窗口，
用 Telnet 方式登录交换机，会弹出输入密码的提示，输入正确的密码后才能登录到交换机[①]。
如图 1-35 所示。

---

① 只有配置了虚拟终端密码，才能通过 Telnet 登录交换机；只有配置了特权模式密码，才能通过 Telnet 登录交换机后进入
特权模式。

图 1-35　使用 Telnet 登录交换机

（5）配置交换机的端口属性。一般情况下交换机的端口属性是不需要设置就能正常工作的。只在某些情况下需要对其端口属性进行配置，配置的对象主要有速率、双工模式和端口描述等信息。

```
Switch# config terminal（进入全局配置模式）
Switch(config)# interface fastethernet0/1（进入接口 fastethernet0/1 的配置模式）
Switch(config-if)# ?（查看接口配置模式可以使用的命令）
```

用 speed{10|100|1000|auto|nonegotiate}命令配置接口的速率：

```
Switch(config-if)# speed ?（查看 speed 命令的子命令）
Switch(config-if)# speed 100（设置该端口速率为 100 Mbit/s）
```

其中，1000 关键字只对 1000Base-T 端口有效；1000Base-SX 端口和 GBIC 模块端口只能工作于 1000 Mbit/s；nonegotiate 关键字只对 1000Base-SX，1000Base-LX 和 1000Base-ZX GBIC 端口有效。

用 duplex {auto|full|half}配置接口双工模式：

```
Switch(config-if )# duplex ?（查看 duplex 命令的子命令）
Switch(config-if)# duplex full（设置该端口为全双工）
```

其中 1000Base-SX 和 1000Base-T 只能工作于全双工模式；duplex 关键字对 GBIC 端口和 Catalyst 2950T24 的 1000Base-T 端口无效。

```
Switch(config-if)# description CON_TO_LAB（设置该端口描述，标识端口）
```

为端口指定描述文字，可以直观地了解该端口所连接的设备，方便进行配置和管理。

```
Switch(config-if)# Ctrl+Z（返回到特权模式，同 end）
Switch# show interface fastethetnet0/1（查看端口 0/1 的设置结果）
Switch# show interface fastethetnet0/1 description（查看端口 0/1 的描述）
Switch# show interface fastethernet0/1 status（查看端口 fastethernet 0/1 的状态）
```

（6）配置端口组。当许多端口的配置完全相同时，可以将若干端口定义成一个端口组，这样只需对端口组进行设置，即可让该端口组包含的所有端口拥有相同的配置。

```
Switch# configure terminal（进入全局配置模式）
Switch(config)# interface range port-range（进入端口组的接口配置模式，port-range
为欲配置的端口组范围）
Switch(config-if-range)#
```

根据配置需要，输入接口配置命令，输入的命令将对端口组中的所有端口生效。

```
Switch(config-if-range) # end（返回特权模式）
```

当使用 interface range 命令时有如下规则：

有效的组范围：VLAN 为 1 ~ 4094。

fastethernet 槽位/{first port} - {last port}，槽位为 0

gigabitethernet 槽位/{first port} - {last port}，槽位为 0

port-channel port-channel-number - port-channel-number，port-channel 号从 1 到 64 连续的端口号可以在起止端口间使用连字符表示，须在连字符"-"的前后都添加一个空格。例如，interface range fastethernet 0/1 - 5 是有效的，而 interface range fastethernet 0/1-5 是无效的。

interface range 命令只能配置已经存在的 Interface VLAN。

如果想对不同类型的接口同时进行配置，可以用英文的","分隔：

```
Switch(config)#interface range fastethernet 0/1 - 3, gigabitethernet 0/1 - 2
```

五、实验思考

1. 配置交换机的方法有哪些？
2. 要使交换机可以远程管理，应该做怎样的配置？
3. 查阅资料，了解交换机与集线器的区别。

实验 6　虚拟局域网 VLAN

一、实验目的与要求

（1）了解 VLAN 的原理。
（2）掌握 Port VLAN 的配置。
（3）学会使用交换机端口隔离划分虚拟网。
（4）理解 VLAN 如何跨交换机实现通信。

二、实验相关理论与知识

1. VLAN 定义

VLAN（Virtual Local Area Network，虚拟局域网）是一组逻辑上的设备和用户，这些设备和用户并不受物理位置的限制，可以根据功能、部门及应用等因素将它们组织起来，相互之间的通信就好像它们在同一个网段中一样，由此得名虚拟局域网。VLAN 可以为信息业务和子业务，以及信息业务间提供一个符合业务结构的虚拟网络拓扑架构，并实现访问控制功能。

2. VLAN 的优势

与传统的局域网技术相比较，VLAN 技术更加灵活，它具有以下优点：网络设备的移动、添加和修改的管理开销减少；可以控制广播活动；可以提高网络的安全性；可以提升网络的性能；可以提高管理人员的效率。

通过将企业网络划分为不同的 VLAN 网段，可以强化网络管理和网络安全，控制不必要的数据广播，减少广播风暴。在共享网络中，一个物理的网段就是一个广播域，而在交换网络中，广播域可以是由一组任意选定的第二层网络地址（MAC 地址）组成的虚拟网段。这样网络中工作组的划分可以突破共享网络中的地理位置限制，而完全根据管理功能来划分。这种基于工作流的分组模式，大大加强了网络规划和重组的管理功能。在同一个 VLAN 中的工作站，不论它们实际与哪个交换机连接，它们之间的通信都好像在独立的交换机上一样。

同一个 VLAN 中的广播只有 VLAN 中的成员才能听到，而不会传输到其他 VLAN 中去，这样可以很好地控制不必要的广播风暴的产生。同时，若没有路由，则不同 VLAN 之间不能相互通信，这样增加了企业网络中不同部门之间的安全性。网络管理员可以通过配置 VLAN 之间的路由来全面管理企业内部不同管理单元之间的信息互访。交换机可以根据工作站的 MAC 地址来划分 VLAN，所以，用户可以自由地在企业网络中移动办公，不论他在何处接入交换网络，都可以与 VLAN 内其他用户自由通信。

VLAN 是为解决以太网的广播问题和安全性而提出的一种协议，它在以太网帧的基础上增加了 VLAN 头，用 VLAN ID 把用户划分为更小的工作组，限制不同工作组间的用户互访，每个工作组就是一个虚拟局域网。虚拟局域网的好处是可以限制广播范围，并能够形成虚拟工作组，动态管理网络。

VLAN 能增强局域网的安全性，含有敏感数据的用户组可与网络的其余部分隔离，从而降低泄露机密信息的可能性。不同 VLAN 内的报文在传输时是相互隔离的，即一个 VLAN 内的用户不能和其他 VLAN 内的用户直接通信，如果不同 VLAN 要进行通信，则需要通过路由器或三层交换机等三层设备。

3. 跨 VLAN 通信

尽管大约有 80% 的通信流量发生在 VLAN 内，但仍然有大约 20% 的通信流量要跨越不同的 VLAN。目前，解决 VLAN 之间的通信主要采用路由器技术。VLAN 之间通信一般采用两种路由策略，即集中式路由和分布式路由，或采用 VLAN 本身的访问控制技术。

（1）集中式路由。集中式路由策略是指所有 VLAN 都通过一个中心路由器实现互联。对于同一交换机（一般指二层交换机）上的两个端口，如果它们属于两个不同的 VLAN，尽管它们在同一交换机上，在数据交换时也要通过中心路由器来选择路由。这种方式的优点是简单明了，逻辑清晰；缺点是由于路由器的转发速度受限，会加大网络时延，容易发生拥塞现象，因此，要求中心路由器提供很高的处理能力和容错特性。

（2）分布式路由。分布式路由策略是将路由选择功能适当地分布在带有路由功能的交换机上（指三层交换机），同一交换机上的不同 VLAN 可以直接实现互通。这种路由方式的优点是具有极高的路由速度和良好的可伸缩性。

三、实验环境与设备

Cisco Packet Tracer 环境：2960 交换机两台；普通 PC 主机六台；直连线六根。

四、实验内容与步骤

1. 新建实验拓扑

添加六台普通主机，两台 2960 交换机，根据拓扑图添加各设备的线缆，其中 PC1 的 F0 口连接 Switch1 的 F0/1 口，PC2 的 F0 口连接 Switch1 的 F0/2 口，PC3 的 F0 口连接 Switch1 的 F0/3 口，PC4 的 F0 口连接 Switch2 的 F0/1 口，PC5 的 F0 口连接 Switch2 的 F0/2 口，PC6 的 F0 口连接 Switch2 的 F0/3 口，Switch1 的 G0/1 口连接 Switch2 的 G0/1 口。实验拓扑如图 1-36 所示。

2. 设置主机 IP 地址

设置各主机的 IP 地址和子网掩码，地址表见表 1-10。

表 1-10　IP 地址等参数表

设 备 名	端　口	IP 地　址	子 网 掩 码	VLAN
PC1	F0	192.168.10.2	255.255.255.0	10
PC2	F0	192.168.10.3	255.255.255.0	10
PC3	F0	192.168.20.2	255.255.255.0	20
PC4	F0	192.168.10.4	255.255.255.0	10
PC5	F0	192.168.10.5	255.255.255.0	10
PC6	F0	192.168.20.3	255.255.255.0	20

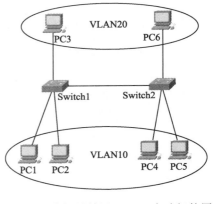

图 1-36　虚拟局域网 VLAN 实验拓扑图

3. 在交换机上配置 VLAN

首先配置 Switch1 交换机，配置 VLAN10 和 VLAN20，然后配置端口 F0/1 ~ F0/3 为 access 模式，其中 F0/1、F0/2 的 VLAN 为 10，F0/3 为 20。

```
Switch1#conf t
Switch1(config)#vlan 10
Switch1(config-vlan)#name vlan10
Switch1(config-vlan)#exit
Switch1(config)#vlan 20
Switch1(config-vlan)#name vlan20
Switch1(config-vlan)#exit
Switch1(config)#interface f0/1
```

```
Switch1(config-if)#switchport mode access
Switch1(config-if)#switchport access vlan 10
Switch1(config-if)#exit
Switch1(config)#interface f0/2
Switch1(config-if)#switchport mode access
Switch1(config-if)#switchport access vlan 10
Switch1(config-if)#exit
Switch1(config)#interface f0/3
Switch1(config-if)#switchport mode access
Switch1(config-if)#switchport access vlan 20
Switch1(config-if)#
```

以同样的方式配置 Switch2 交换机，端口 F0/1~F0/3 为 access 模式，其中 F0/1、F0/2 的 VLAN 为 10，F0/3 为 20。

```
Switch2#conf t
Switch2(config)#vlan 10
Switch2(config-vlan)#name vlan10
Switch2(config-vlan)#exit
Switch2(config)#vlan 20
Switch2(config-vlan)#name vlan20
Switch2(config-vlan)#exit
Switch2(config)#interface f0/1
Switch2(config-if)#switchport mode access
Switch2(config-if)#switchport access vlan 10
Switch2(config-if)#exit
Switch2(config)#interface f0/2
Switch2(config-if)#switchport mode access
Switch2(config-if)#switchport access vlan 10
Switch2(config-if)#exit
Switch2(config)#interface f0/3
Switch2(config-if)#switchport mode access
Switch2(config-if)#switchport access vlan 20
Switch2(config-if)#
```

验证 VLAN 配置。在交换机上使用 show vlan 命令查看 VLAN 及端口分布情况，可以看到，交换机上有了 VLAN10 和 VLAN20，其中 F0/1 和 F0/2 接口属于 VLAN10，F0/3 接口属于 VLAN20，如图 1-37 所示。同样在 Switch2 上使用 show vlan 命令可以查看到同样的信息。

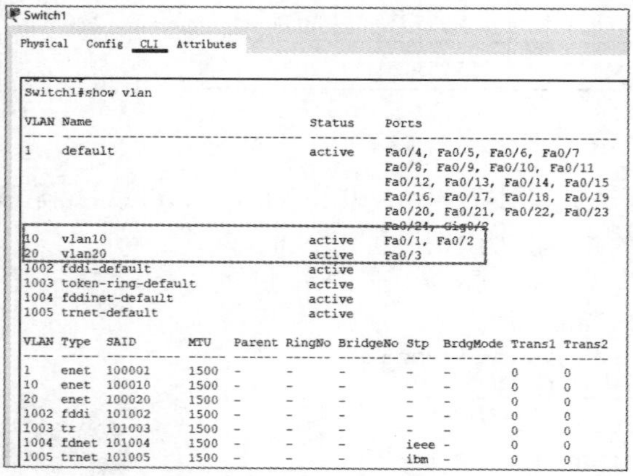

图 1-37　查看交换机 VLAN 信息

在 PC1（192.168.10.2）上分别 Ping PC2（192.168.10.3）、PC4（192.168.10.4）和 PC5（192.168.10.5），PC1 和 PC2 属于同一个 VLAN，而且在同一台交换机上，正常 PC2 可以 Ping 通，PC4 和 PC5 不能 Ping 通，如图 1-38 所示。

图 1-38　测试同一 VLAN 内连通性

再测试其他主机连通性，各主机之间互 Ping 测试结果见表 1-11。

表 1-11　未配置 Tag Switch 连通性测试结果

主　机	PC2	PC3	PC4	PC5	PC6
PC1	通	不通	不通	不通	不通
PC2	—	不通	不通	不通	不通
PC3	不通	—	不通	不通	不通
PC4	不通	不通	—	通	不通
PC5	不通	不通	通	—	不通
PC6	不通	不通	不通	不通	—

4. 在交换机上配置 TAG Switch

进入交换机上的 G0/1，配置 TAG Switch。

```
Switch1#
Switch1#conf t
Enter configuration commands, one per line. End with CNTL/Z.
Switch1(config)#
Switch1(config)#interface g0/1
Switch1(config-if)#switchport mode trunk
```

以同样的方式配置 Switch2。

```
Switch2#
Switch2#conf t
Enter configuration commands, one per line. End with CNTL/Z.
```

```
Switch2(config)#
Switch2(config)#interface g0/1
Switch2(config-if)#switchport mode trunk
```

验证 TAG 配置。

```
Switch1#show interfaces g0/1 switchport
Name: Gig0/1
Switchport: Enabled
Administrative Mode: trunk
Operational Mode: trunk
Administrative Trunking Encapsulation: dot1q
Operational Trunking Encapsulation: dot1q
Negotiation of Trunking: On
Access Mode VLAN: 1 (default)
Trunking Native Mode VLAN: 1 (default)
Voice VLAN: none
Administrative private-vlan host-association: none
Administrative private-vlan mapPing: none
Administrative private-vlan trunk native VLAN: none
Administrative private-vlan trunk encapsulation: dot1q
Administrative private-vlan trunk normal VLANs: none
Administrative private-vlan trunk private VLANs: none
Operational private-vlan: none
Trunking VLANs Enabled: All
Pruning VLANs Enabled: 2-1001
Capture Mode Disabled
Capture VLANs Allowed: ALL
Protected: false
Unknown unicast blocked: disabled
Unknown multicast blocked: disabled
Appliance trust: none
```

5. 验证配置

再做 Ping 测试，此时 PC1 和 PC2、PC4、PC5 能互通，PC3 和 PC6 能互通，详细结果见表 1-12。

表 1-12　配置 Tag Switch 后连通性测试结果

主　机	PC2	PC3	PC4	PC5	PC6
PC1	通	不通	通	通	不通
PC2	—	不通	不通	不通	不通
PC3	不通	—	不通	不通	通
PC4	不通	不通	—	通	通
PC5	不通	不通	通	—	不通
PC6	不通	通	不通	不通	—

五、实验思考

1. 配置 Tag Switch 前，为什么同属于 VLAN10，PC1 和 PC4、PC5 不通？
2. 实验中不同 VLAN 之间的 PC 为什么不能互通？如果要实现互通，需要怎样实现？

实验 7 三层交换机的配置

一、实验目的与要求

（1）理解三层交换机的工作原理。
（2）理解三层交换机与二层交换机的区别。
（3）掌握三层交换机实现 VLAN 间互相通信的配置。

二、实验相关理论与知识

1. 三层交换机的特点

三层交换机就是具有部分路由器功能的交换机，工作在 OSI 网络标准模型的第三层网络层。三层交换机的最重要目的是加快大型局域网内部的数据交换，所具有的路由功能也是为这个目的服务的，能够做到一次路由，多次转发。

三层交换机与普通路由器一样具有访问列表的功能，可以实现不同 VLAN 间的单向或双向通信。如果在访问列表中进行设置，可以限制用户访问特定的 IP 地址，访问列表不仅可以用于禁止内部用户访问某些站点，也可以用于防止外部用户访问内部网络，从而提高网络的安全性。

2. 三层交换机与路由器的比较

对于数据包转发等规律性的过程由硬件高速实现，而路由信息更新、路由表维护、路由计算、路由确定等功能由软件实现。在实际应用过程中，典型的做法是：处于同一个局域网中的各个子网的互联以及局域网中 VLAN 间的路由用三层交换机来代替路由器，只有局域网与公网互联之间要实现跨地域的网络访问时才通过专业路由器。

例如，A 要把包裹送给 C，但是 A 不知道 C 在哪里，于是 A 去询问 B，B 是管理员，他通过一系列操作查询找到了 C 的地址，A 要一直向 C 送东西，于是 B 帮他铺了一条传送带，以后不用问 B 直接发送就行；如果 A 又想给 D 发包裹了，需要再找 B，然后 B 再去进行一系列操作，然后再铺设传送带。这就是三层交换机的作用，传送带相当于交换转发芯片，B 相当于控制 CPU，只要一次找到了以后它就不管了，交给传送带来做。对于路由器，同样是 A 想给 C 发包裹，他不知道地址于是去找 B，这个 B 能力很强，B 说："我可以给你找到 C 送给他，另外我还能帮你再包装一下美化一下上个保险啥的"，于是 A 每次发包裹都找 B 去做，B 相当于路由器的 CPU，路由器所有的数据转发都经过 CPU。

综上可见，在进行大量的传送时使用"传送带"的三层交换机显然更快，也更省时省力，但是一旦遇上复杂的网络情况，比如 C 的地址频繁改变，A 还要给 E、F、G、H、I、J……发送时，三层交换机的 B 就忙不过来了，它本身就不怎么擅长找路，还要不断拆装传动带，很快就手忙脚乱了。这种情况下对路由器的 B 而言不过是送包裹任务量大了一点儿，他还是走正常的流程，找路然后送过去，而且它本身找路的能力就非常强，只是多跑几趟。反之，如果 A 只是固定给 C、D 送东西，不过每次都是大批量送，对于三层交换机的传送带而言无所谓，但是路由器的 B 可就累坏了。简言之，三层交换机运量大但是灵活性差，太偏僻的地方送起来有难度；路由器运量小，但是再偏僻的地方都能送到。现在的三层交换机路由功能越来越强，路由器的转发能力也越来越强，但是在高压和极端情况下它们依然不能相互取代。

三、实验环境与设备

Cisco Packet Tracer 环境：2960 交换机两台；3560 交换机一台；普通 PC 四台；线缆若干。

四、实验内容与步骤

某企业有两个主要部门：销售部和技术部，其中销售部门的个人计算机系统连接在一台交换机上，技术部门的个人计算机系统连接在另一台交换机上，销售部和技术部划分两个 VLAN。相同部门的成员之间需要进行相互通信，销售部和技术部也需要进行相互通信，现在要在交换机上进行适当配置来实现这一目标，使同一 VLAN 里的计算机系统能进行相互通信，而不同 VLAN 里的计算机系统也能进行相互通信。

1. 新建实验拓扑

添加四台普通 PC 主机，两台 2960 交换机，一台 3560 交换机，添加连线，其中 PC1 的 F0 口连接 2960-1 的 F0/1 口，PC2 的 F0 口连接 2960-1 的 F0/2 口，PC3 的 F0 口连接 2960-2 的 F0/1 口，PC4 的 F0 口连接 2960-2 的 F0/2 口，实验拓扑如图 1-39 所示。

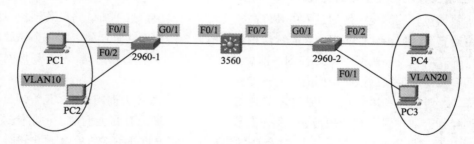

图 1-39　三层交换机实验拓扑图

2. 配置各接口 IP

配置各个设备的相关参数，各设备参数见表 1-13。

表 1-13　设备参数表

设 备 名	IP 地 址	子 网 掩 码	网 关	VLAN
PC1	192.168.10.2	255.255.255.0	192.168.10.1	VLAN10

续表

设 备 名	IP 地 址	子 网 掩 码	网 关	VLAN
PC2	192.168.10.3	255.255.255.0	192.168.10.1	VLAN10
PC3	192.168.20.2	255.255.255.0	192.168.10.1	VLAN20
PC4	192.168.20.3	255.255.255.0	192.168.10.1	VLAN20
3560	192.168.10.1	255.255.255.0	—	VLAN10
	192.168.20.1	255.255.255.0	—	VLAN20

3. 配置二层交换机

在交换机 2960-1 上创建 VLAN10，并将 F0/1 和 F0/2 端口划分到 VLAN10 中。

```
2960-1#configure terminal
Enter configuration commands, one per line. End with CNTL/Z.
2960-1(config)#vlan 10
2960-1(config-vlan)#name sales
2960-1(config-vlan)#exit
2960-1(config)#interface f0/1
2960-1(config-if)#switchport mode access
2960-1(config-if)#switchport access vlan 10
2960-1(config-if)#exit
2960-1(config)#interface f0/2
2960-1(config-if)#switchport mode access
2960-1(config-if)#switchport access vlan 10
2960-1(config-if)#exit
2960-1(config)#exit
2960-1#
%SYS-5-CONFIG_I: Configured from console by console
2960-1#show vlan
```

验证 VLAN，交换机上创建了 VLAN10，并且 F0/1 和 F0/2 已划入 VLAN10 中，如图 1-40 所示。

```
2960-1#show vlan

VLAN Name                             Status    Ports
---- -------------------------------- --------- -------------------------------
1    default                          active    Fa0/3, Fa0/4, Fa0/5, Fa0/6
                                                Fa0/7, Fa0/8, Fa0/9, Fa0/10
                                                Fa0/11, Fa0/12, Fa0/13, Fa0/14
                                                Fa0/15, Fa0/16, Fa0/17, Fa0/18
                                                Fa0/19, Fa0/20, Fa0/21, Fa0/22
                                                Fa0/23, Fa0/24, Gig0/1, Gig0/2
10   sales                            active    Fa0/1, Fa0/2
1002 fddi-default                     active
1003 token-ring-default               active
1004 fddinet-default                  active
1005 trnet-default                    active

VLAN Type  SAID       MTU   Parent RingNo BridgeNo Stp  BrdgMode Trans1 Trans2
---- ----- ---------- ----- ------ ------ -------- ---- -------- ------ ------
1    enet  100001     1500  -      -      -        -    -        0      0
10   enet  100010     1500  -      -      -        -    -        0      0
1002 fddi  101002     1500  -      -      -        -    -        0      0
1003 tr    101003     1500  -      -      -        -    -        0      0
1004 fdnet 101004     1500  -      -      -        ieee -        0      0
1005 trnet 101005     1500  -      -      -        ibm  -        0      0

VLAN Type  SAID       MTU   Parent RingNo BridgeNo Stp  BrdgMode Trans1 Trans2
---- ----- ---------- ----- ------ ------ -------- ---- -------- ------ ------
```

图 1-40 显示 VLAN 信息

　　用前面同样的方法在 2960-2 上创建 VLAN20，并把 F0/1 和 F0/2 划入 VLAN20，验证 PC 之间是否能通。

　　经验证，发现从 PC1 能 Ping 通 PC2，不能 Ping 通 PC3 和 PC4，如图 1-41 所示。从 PC3 上能 Ping 通 PC4，但不能 Ping 通 PC1 和 PC2，如图 1-42 所示。这表明销售部是同一 VLAN，相互之间可以访问，技术部是同一 VLAN，相互之间也可以直接访问，但销售部和技术部之间处于不同 VLAN，目前无法通信。

```
C:\>ping 192.168.10.3

Pinging 192.168.10.3 with 32 bytes of data:

Reply from 192.168.10.3: bytes=32 time<1ms TTL=128
Reply from 192.168.10.3: bytes=32 time=1ms TTL=128
Reply from 192.168.10.3: bytes=32 time<1ms TTL=128
Reply from 192.168.10.3: bytes=32 time<1ms TTL=128

Ping statistics for 192.168.10.3:
    Packets: Sent = 4, Received = 4, Lost = 0 (0% loss),
Approximate round trip times in milli-seconds:
    Minimum = 0ms, Maximum = 1ms, Average = 0ms

C:\>ping 192.168.20.2

Pinging 192.168.20.2 with 32 bytes of data:

Request timed out.
Request timed out.
Request timed out.
Request timed out.

Ping statistics for 192.168.20.2:
    Packets: Sent = 4, Received = 0, Lost = 4 (100% loss),
```

图 1-41　从 PC1 去 Ping PC2 和 PC3 的结果

```
C:\>ping 192.168.20.3

Pinging 192.168.20.3 with 32 bytes of data:

Reply from 192.168.20.3: bytes=32 time<1ms TTL=128
Reply from 192.168.20.3: bytes=32 time<1ms TTL=128
Reply from 192.168.20.3: bytes=32 time<1ms TTL=128
Reply from 192.168.20.3: bytes=32 time=1ms TTL=128

Ping statistics for 192.168.20.3:
    Packets: Sent = 4, Received = 4, Lost = 0 (0% loss),
Approximate round trip times in milli-seconds:
    Minimum = 0ms, Maximum = 1ms, Average = 0ms

C:\>ping 192.168.10.2

Pinging 192.168.10.2 with 32 bytes of data:

Request timed out.
Request timed out.
Request timed out.
Request timed out.

Ping statistics for 192.168.10.2:
    Packets: Sent = 4, Received = 0, Lost = 4 (100% loss),
```

图 1-42　从 PC3 去 Ping PC4 和 PC1 的结果

4．配置三层交换机

　　配置 3560，添加 VLAN，并配置接口地址，定义其与 2960-1 和 2960-2 连接的端口为 Tag VLAN 模式，开启 3560 路由功能。

```
3560(config)#vlan 10
3560(config-vlan)#name sales
```

```
3560(config)#vlan 20
3560(config-vlan)#name techs
3560(config)#interface vlan 10
3560(config-if)#ip address 192.168.10.1 255.255.255.0
3560(config)#interface vlan 20
3560(config-if)#ip address 192.168.20.1 255.255.255.0
3560(config)#interface f0/1
3560(config-if)#switchport trunk encapsulation dot1q
3560(config-if)#switchport mode trunk
3560(config)#interface f0/2
3560(config-if)#switchport trunk encapsulation dot1q
3560(config-if)#switchport mode trunk
3560(config)#ip routing（开启路由功能）
```

在交换机 2960-1 和 2960-2 上分别把与 3560 相连的端口（G0/1 端口）定义为 Tag VLAN
模式。

```
2960-1(config)#interface g0/1
2960-1(config-if)#switchport mode trunk
2960-2(config)#interface gigabitEthernet 0/1
2960-2(config-if)#switchport mode trunk
```

5. 验证配置

验证两个部门之间能否相互通信。设置四台 PC 的默认网关，此时在销售部的 PC1 和 PC2
上能 Ping 通技术部 PC3 和 PC4，同样 PC3 和 PC4 可以 Ping 通 PC1 和 PC2，如图 1-43 所示。

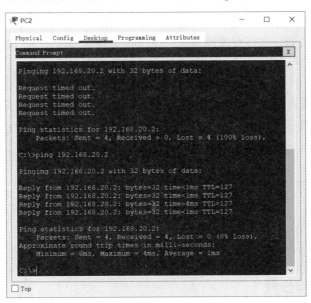

图 1-43　PC2 能 Ping 通 PC3

五、实验思考

1. 同一 VLAN 的计算机分散在不同的接入交换机上，能实现互相通信吗？

2. 三层交换机如果不开启路由功能，两个 VLAN 之间能互相访问吗？

3. PC 如果不设置默认网关，为什么无法跨 VLAN 通信？

实验 8　路由器的基本配置

一、实验目的与要求

（1）了解路由器的接口，会添加路由器模块。

（2）掌握路由器的基本配置命令。

（3）掌握采用 Console 线缆配置路由器的方法。

（4）掌握采用 Telnet 方式配置路由器的方法。

二、实验相关理论与知识

路由器（Router）是连接两个或多个网络的硬件设备，在网络间起网关的作用，它是一个读取每一个数据包中的地址然后决定如何传送的专用智能网络设备。它能够理解不同的协议，例如某个局域网使用的以太网协议，以及因特网使用的 TCP/IP 协议。路由器可以分析各种不同类型网络传送的数据包的目的地址，把非 TCP/IP 网络的地址转换成 TCP/IP 地址，或者反之，再根据选定的路由算法把各数据包按最佳路线传送到指定位置。

路由器最主要的功能是实现数据的转送，这个过程称为寻址。路由器处在不同网络之间，但并不一定是信息的最终接收地址。在路由器中，通常存在一张路由表，根据传送网络传送信息的最终地址，寻找下一转发地址。简单地说，路由器传输信息就如同快递公司发送邮件，邮件并不是瞬间到达最终目的地，而是通过不同分站的分拣，不断地接近最终地址，从而实现邮件的投递过程。路由器寻址过程与此类似。通过最终地址，在路由表中进行匹配，通过算法确定下一转发地址。这个地址可能是中间地址，也可能是最终的到达地址。

三、实验环境与设备

Cisco Packet Tracer 环境：2911 路由器一台；PC 主机一台；交叉线和 Console 配置线各一条。

四、实验内容与步骤

1. 新建实验拓扑

使用 Cisco Packet Tracer 添加一台 PC，一台 2911 路由器，PC 与路由器之间新建一条控制线和一条交叉线，实验拓扑如图 1-44 所示。

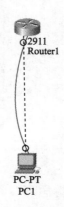

图 1-44　路由器的基本配置实验拓扑图

2．为路由器添加模块

为路由器添加 HWIC-2T 模块，此模块含有两个串口端口，如图 1-45 所示。添加模块前，需要关闭路由器电源，否则无法添加模块，同样，如果要移除模块，也需要先关闭电源。

添加模块后，路由器会多出两个端口：Serial0/3/0 和 Serial0/3/1，其中中间的 3 表示当前模块是插在第 3 个槽位，如图 1-46 所示。

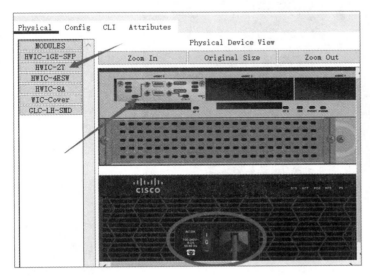

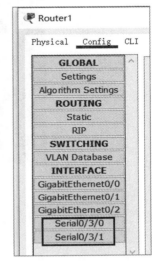

图 1-45　2911 路由器添加模块示意图　　　　图 1-46　2911 路由器添加 HWIC-2T
模块后接口示意图

3．配置路由器

用标准 Console 线缆连接计算机的 RS232 口和路由器的 Console 口。在计算机上启用超级终端，并配置超级终端的参数（默认参数），单击 OK 即可开始配置路由器。通过超级终端连接路由器后，配置路由器的管理 IP，并为 Telnet 用户配置用户名和登录口令。

```
Router>enable
Router#configure terminal
Enter configuration commands, one per line. End with CNTL/Z.
Router(config)#interface GigabitEthernet0/0
Router(config-if)#ip address 192.168.1.1 255.255.255.0
Router(config-if)#no shutdown
Router(config-if)#
%LINK-5-CHANGED: Interface GigabitEthernet0/0, changed state to up
%LINEPROTO-5-UPDOWN: Line protocol on Interface GigabitEthernet0/0, changed
state to up
Router(config)#line vty 0 4
Router(config-line)#password cisco
Router(config-line)#login
Router(config-line)#
```

4．远程登录路由器

配置 PC1 的 IP 地址为 192.168.1.2（与路由器管理 IP 地址在同一个网段），打开 PC1 的 cmd

窗口，首先验证路由器的地址能否 Ping 通，能 Ping 通后，验证 Telnet 登录路由器，正确结果如图 1-47 所示。

```
C:\>ping 192.168.1.1

Pinging 192.168.1.1 with 32 bytes of data:

Reply from 192.168.1.1: bytes=32 time<1ms TTL=255
Reply from 192.168.1.1: bytes=32 time<1ms TTL=255
Reply from 192.168.1.1: bytes=32 time<1ms TTL=255
Reply from 192.168.1.1: bytes=32 time<1ms TTL=255

Ping statistics for 192.168.1.1:
    Packets: Sent = 4, Received = 4, Lost = 0 (0% loss),
Approximate round trip times in milli-seconds:
    Minimum = 0ms, Maximum = 0ms, Average = 0ms

C:\>telnet 192.168.1.1
Trying 192.168.1.1 ...Open


User Access Verification

Password:
Router>en
% No password set.
Router>
```

图 1-47　远程登录路由器

五、实验思考

1. 实验步骤中，在最后登录的时候为什么不能进入特权模式？需要怎样操作才能通过 Telnet 进入特权模式？

2. 路由器和交换机有哪些区别？

3. 为路由器添加 Serial0/3/0 接口中间的 3 代表什么？

实验 9　静　态　路　由

一、实验目的与要求

（1）了解静态路由的原理。

（2）掌握静态路由配置方法。

（3）通过静态路由实现不同网段的互相访问。

二、实验相关理论与知识

静态路由（Static Routing）的路由项（Routing Entry）由手动配置，而非动态决定。与动态路由不同，静态路由是固定的，不会改变。

使用静态路由的一个好处是网络安全保密性高。动态路由因为需要路由器之间频繁地交换各自的路由表，而对路由表的分析可以揭示网络的拓扑结构和网络地址等信息。因此，网络出于安全方面的考虑可以采用静态路由。使用静态路由的另一个好处是不占用网络带宽，因为静态路由不会产生更新流量。

　　大型和复杂的网络环境通常不宜采用静态路由。一方面，网络管理员很难全面地了解整个网络的拓扑结构；另一方面，当网络的拓扑结构和链路状态发生变化时，路由器中的静态路由信息需要大范围地调整，这一工作的难度和复杂程度非常高。当网络发生变化或网络发生故障时，不能动态重选路由，容易导致路由失败。

　　以下为配置静态路由命令及解释。

```
A(config)#ip route 192.168.3.0 255.255.255.0 192.168.2.2（目标网段 IP 地址，
目标子网掩码，下一路由器接口 IP 地址）
B(config)#ip route 192.168.1.0 255.255.255.0 192.168.2.1（目标网段 IP 地址，
目标子网掩码，下一路由器接口 IP 地址）
```

ip route 192.168.3.0 255.255.255.0 192.168.2.2 是指：在 RouterA 上，路由器见到目的网段为 192.168.3.0 的数据包，就将数据包发送到 192.168.2.2。

三、实验环境与设备

　　Cisco Packet Tracer 环境：2911 路由器两台；主机两台；交叉线三条。

四、实验内容与步骤

1. 新建实验拓扑

　　使用 Cisco Packet Tracer 添加两台 PC，两台 2911 路由器，PC 与路由器之间通过交叉线连接，路由器与路由器之间同样用交叉线连接，如图 1-48 所示。

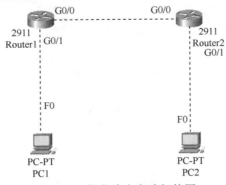

图 1-48　静态路由实验拓扑图

2. 配置各个设备 IP 参数

　　（1）配置主机 IP 地址。各设备参数见表 1-14，根据表 1-14 参数配置 PC1 和 PC2 的 IP 地址、子网掩码和默认网关。

表 1-14　设备参数表

设 备 名	接　口	IP 地 址	子 网 掩 码	默 认 网 关
PC1	F0/0	192.168.1.2	255.255.255.0	192.168.1.1

续表

设 备 名	接 口	IP 地 址	子 网 掩 码	默 认 网 关
PC2	F0/0	192.168.3.2	255.255.255.0	192.168.3.1
Router1	G0/1	192.168.1.1	255.255.255.0	—
Router1	G0/0	192.168.2.1	255.255.255.0	—
Router2	G0/1	192.168.3.1	255.255.255.0	—
	G0/0	192.168.2.2	255.255.255.0	—

（2）配置路由器接口地址。根据表 1-14 的 IP 规划表配置 Router1 的接口 IP。

```
Router1>enable
Router1#configure terminal
Enter configuration commands, one per line. End with CNTL/Z.
Router1(config)#interface g0/1
Router1(config-if)#ip address 192.168.1.1 255.255.255.0
Router1(config-if)#no shutdown
%LINK-5-CHANGED: Interface GigabitEthernet0/1, changed state to up
%LINEPROTO-5-UPDOWN: Line protocol on Interface GigabitEthernet0/1, changed
state to up
Router1(config-if)#exit
Router1(config)#interface g0/0
Router1(config-if)#ip address 192.168.2.1 255.255.255.0
Router1(config-if)#no shutdown
%LINK-5-CHANGED: Interface GigabitEthernet0/0, changed state to up
```

用同样的方式配置 Router2 的接口 IP。

3. 开启路由器的路由并配置正确的路由信息

```
Router1#conf t
Enter configuration commands, one per line. End with CNTL/Z.
Router1(config)#ip routing
Router1(config)#
Router1(config)#ip route 192.168.3.0 255.255.255.0 192.168.2.2

Router2#conf t
Enter configuration commands, one per line. End with CNTL/Z.
Router2(config)#ip routing
Router2(config)#ip route 192.168.1.0 255.255.255.0 192.168.2.1
```

4. 验证连通性

设置好 IP 并检查各项配置无误后，在 PC1 上能 Ping 通 PC2 的 IP 地址，如图 1-49 所示。

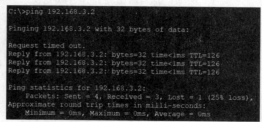

图 1-49   验证静态路由的正确性

五、实验思考

1. 当一个设备有多个出口时，为什么要有默认路由？配置默认路由地址是什么？
2. PC 主机如果有多块网卡，是否需要设置路由？
3. 图 1-49 中，从 PC1 去 Ping 主机 PC2 的时候，为什么第一个包是 Request timed out？

实验 10　路由信息协议（RIP）

一、实验目的与要求

（1）掌握 RIP 协议的基本配置。

（2）通过 RIP 协议理解计算机网络中的核心技术——路由技术，并了解计算机网络的路由转发原理。

二、实验相关理论与知识

RIP（Routing Information Protocol，路由信息协议）是一种内部网关协议（IGP），它是一种动态路由选择协议，用于自治系统（Autonomous System，AS）内的路由信息的传递。RIP 协议基于距离矢量算法（Distance Vector Algorithms），使用"跳数"（Metric）来衡量到达目标地址的路由距离。这种协议的路由器只关心自己周围的世界，只与自己相邻的路由器交换信息，范围限制在 15 跳（15 度）之内，再远它就不关心了。各厂家定义的管理距离（AD，即优先级）如下：华为定义的优先级是 100，思科定义的优先级是 120。

RIP 协议采用距离矢量算法，在实际使用中已经较少使用。在默认情况下，RIP 使用一种非常简单的度量制度：距离就是通往目的站点所需经过的链路数，取值为 0~16，数值 16 表示路径无限长。RIP 进程使用 UDP 的 520 端口来发送和接收 RIP 分组。RIP 分组每隔 30 s 以广播的形式发送一次，为了防止出现"广播风暴"，其后续的分组将做随机延时后发送。在 RIP 中，如果一个路由在 180 s 内未被刷新，则相应的距离就被设置成无穷大，并从路由表中删除该表项。

三、实验环境与设备

Cisco Packet Tracer 环境：2911 路由器三台；PC 主机两台；线缆若干。

四、实验内容与步骤

1. 新建实验拓扑

在 Cisco Packet Tracer 环境中添加三台 2911 路由器，每台路由器分别插上一个 HWIC-2T 模块，并用合适的线缆进行连接，如图 1-50 所示。

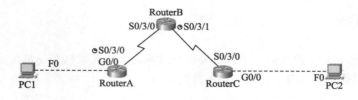

图 1-50　RIP 协议实验拓扑图

2. 配置各个设备的相关参数

为主机和路由器配置各个接口的 IP 地址，具体地址参数见表 1-15。注意 PC1 和 PC2 的默认网关一定要配置。

表 1-15　设备参数表

设 备 名	接　　口	IP 地 址	子 网 掩 码	默 认 网 关
PC1	F0/0	192.168.1.2	255.255.255.0	192.168.1.1
PC2	F0/0	192.168.4.2	255.255.255.0	192.168.4.1
RouterA	G0/0	192.168.1.1	255.255.255.0	—
	S0/3/0	192.168.2.1	255.255.255.0	—
RouterB	S0/3/0	192.168.2.2	255.255.255.0	—
	S0/3/1	192.168.3.1	255.255.255.0	—
RouterC	S/3/0	192.168.3.2	255.255.255.0	—
	G0/0	192.168.4.1	255.255.255.0	—

3. 配置 RIP 协议前验证连通性

将各路由器接口 IP 配置到对应设备的接口，并将这些接口开启后，首先验证连通性，从 PC1 可以 Ping 通 RouterA 的 G0/0 口地址 192.168.1.1，即 PC1 的网关地址，但 PC1 无法 Ping 通 RouterB、RouterC 以及 PC2。PC2 可以 Ping 通 RouterC 的 G0/0 口地址 192.168.4.1，即 PC2 的网关地址，但 PC2 无法 Ping 通 RouterB、RouterA 以及 PC1，如图 1-51 所示。

图 1-51　验证 PC1 和 PC2 的连通性

4．配置 RIP 协议

分别在三个路由器上配置 RIP 协议。

路由器 A：

```
RouterA(config)#router rip
RouterA(config-router)#network 192.168.1.0
RouterA(config-router)#
RouterA(config-router)#network 192.168.2.0
RouterA(config-router)#
```

路由器 B：

```
RouterB(config)#router rip
RouterB(config-router)#network 192.168.2.0
RouterB(config-router)#
RouterB(config-router)#network 192.168.3.0
RouterB(config-router)#
```

路由器 C：

```
RouterC(config)#router rip
RouterC(config-router)#network 192.168.3.0
RouterC(config-router)#
RouterC(config-router)#network 192.168.4.0
RouterC(config-router)#
```

5．配置 RIP 后验证连通性

从 PC1 验证到 PC2 的连通性，如果配置无误，PC1 现在可以 Ping 通 PC2，如图 1-52 所示。

```
C:\>ping 192.168.2.2

Pinging 192.168.2.2 with 32 bytes of data:

Reply from 192.168.2.2: bytes=32 time=5ms TTL=254
Reply from 192.168.2.2: bytes=32 time=3ms TTL=254
Reply from 192.168.2.2: bytes=32 time=3ms TTL=254
Reply from 192.168.2.2: bytes=32 time=1ms TTL=254

Ping statistics for 192.168.2.2:
    Packets: Sent = 4, Received = 4, Lost = 0 (0% loss),
Approximate round trip times in milli-seconds:
```

图 1-52　配置路由协议后连通性测试

监测配置情况：

用 show ip route 察看各个路由器的路由表，可以看到，路由器学到了其他两个网段的路由信息，其中 R 表示 RIP 协议所学到的信息，如图 1-53 所示。

```
RouterA#show ip route
Codes: L - local, C - connected, S - static, R - RIP, M - mobile, B - BGP
       D - EIGRP, EX - EIGRP external, O - OSPF, IA - OSPF inter area
       N1 - OSPF NSSA external type 1, N2 - OSPF NSSA external type 2
       E1 - OSPF external type 1, E2 - OSPF external type 2, E - EGP
       i - IS-IS, L1 - IS-IS level-1, L2 - IS-IS level-2, ia - IS-IS inter area
       * - candidate default, U - per-user static route, o - ODR
       P - periodic downloaded static route

Gateway of last resort is not set

     192.168.1.0/24 is variably subnetted, 2 subnets, 2 masks
C       192.168.1.0/24 is directly connected, GigabitEthernet0/0
L       192.168.1.1/32 is directly connected, GigabitEthernet0/0
     192.168.2.0/24 is variably subnetted, 2 subnets, 2 masks
C       192.168.2.0/24 is directly connected, Serial0/3/0
L       192.168.2.1/32 is directly connected, Serial0/3/0
R       192.168.3.0/24 [120/1] via 192.168.2.2, 00:00:03, Serial0/3/0
R       192.168.4.0/24 [120/2] via 192.168.2.2, 00:00:03, Serial0/3/0
```

图 1-53　查看路由器路由信息

使用 debug ip rip 监视路由选择更新信息，同时分析水平分割的工作机制。

在接口上使用 no ip split-horizon 命令关闭水平分割，再使用 debug ip rip 监视路由选择更新信息。

使用 debug ip rip 监视路由选择更新信息，可以看到每隔一定时间，路由器就会发送更新路由信息，如图 1-54 所示。

```
RIP: sending  v1 update to 255.255.255.255 via GigabitEthernet0/0 (192.168.1.1)
RIP: build update entries
      network 192.168.2.0 metric 1
      network 192.168.3.0 metric 2
      network 192.168.4.0 metric 3
RIP: sending  v1 update to 255.255.255.255 via Serial0/3/0 (192.168.2.1)
RIP: build update entries
      network 192.168.1.0 metric 1
RIP: received v1 update from 192.168.2.2 on Serial0/3/0
      192.168.3.0 in 1 hops
      192.168.4.0 in 2 hops
```

图 1-54　监测 RIP 路由更新

五、实验思考

1. RIP 协议版本 V1 和 V2 有什么区别？
2. RIP 协议是基于 TCP 还是 UDP？
3. 请解释 RIP 协议为什么会有"好消息传得快，坏消息传得慢"的现象？

实验 11　开放最短路径优先（OSPF）

一、实验目的与要求

（1）掌握路由器 OSPF 的基本配置。
（2）通过实验学会分析 OSPF 路由。
（3）了解 RIP 和 OSPF 的区别。

二、实验相关理论与知识

OSPF 协议是目前网络中应用最广泛的路由协议之一，属于内部网关路由协议，能够适应各种规模的网络环境，是典型的链路状态协议。

OSPF 协议通过向全网扩散本设备的链路状态信息，使网络中的每台设备最终同步于一个具有全网链路状态的数据库。路由器采用 SPF 算法，以自己为根，计算到达其他网络的最短路径，最终形成全网路由信息。

OSPF 属于无类路由协议，支持 VLSM。OSPF 是以组播的形式进行链路状态的通告的。

在大模型的网络环境中，OSPF 支持区域的划分，将网络进行合理地规划。划分区域时，必须存在 area0（主干区域）。其他区域和主干区域直接相连，或通过虚链路的方式连接。

OSPF 主要有以下特点：

（1）OSPF 适用于大范围的网络。OSPF 协议当中对于路由跳数没有限制，所以 OSPF 协议能用在许多场合，同时也支持更加广泛的网络规模。在组播的网络中，OSPF 协议能够支持数十台路由器一起运作。

（2）组播触发式更新。OSPF 协议在收敛完成后，会以触发方式发送拓扑变化的信息给其他路由器，这样就可以减少网络带宽的利用率；同时可以减小干扰，特别是在使用组播网络结构对外发出信息时，它对其他设备不构成其他影响。

（3）收敛速度快。如果网络结构出现改变，OSPF 协议的系统会以最快的速度发出新的报文，从而使新的拓扑情况很快扩散到整个网络。而且 OSPF 采用周期较短的 HELLO 报文来维护邻居状态。

（4）以开销作为度量值。OSPF 协议在设计时就考虑到了链路带宽对路由度量值的影响。OSPF 协议以开销值作为标准，而链路开销和链路带宽正好形成了反比的关系，带宽越高开销就会越小，这样一来，OSPF 选路主要基于带宽因素。

（5）OSPF 协议的设计是为了避免路由环路。在使用最短路径的算法下，收到路由中的链路状态，然后生成路径，这样不会产生环路。

（6）应用广泛。OSPF 协议广泛地应用于互联网中，存在大量的应用实例。

三、实验环境与设备

Cisco Packet Tracer 环境：2911 路由器三台；PC 主机三台；交叉线五条。

四、实验内容与步骤

1．新建实验拓扑

添加三台 2911 路由器，普通主机三台，添加连线，PC1 的 F0 口连接 Router1 的 G0/1 口，Router1 的 G0/0 口连接 Router2 的 G0/0 口，Router2 的 G0/1 口连接 PC2 的 F0 口，Router2 的 G0/2 口连接 Router3 的 G0/0 口，Router3 的 G0/1 口连接 PC2 的 F0 口。实验拓扑如图 1-55 所示。

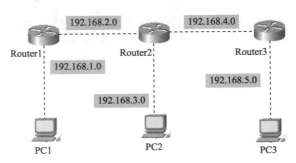

图 1-55 OSPF 实验拓扑图

2. 设置 IP 等参数

根据表 1-16 配置各 PC 和路由器的接口 IP 地址。

表 1-16　IP 参数表

设 备 名	端 口	IP 地 址	网 关
PC1	F0	192.168.1.2/24	192.168.0.1
PC2	F0	192.168.3.2/24	192.168.3.1
PC3	F0	192.168.5.2/24	192.168.5.1
Router1	G0/0	192.168.2.1/24	—
	G0/1	192.168.1.1/24	—
Router2	G0/0	192.168.2.2/24	—
	G0/1	192.168.3.1/24	—
	G0/2	192.168.4.1/24	—
Router3	G0/0	192.168.4.2/24	—
	G0/1	192.168.5.1/24	—

3. 配置路由前验证 PC1 和 PC2 的连通性

从 PC1 上 Ping PC2，此时 PC1 和 PC2 应该不通，而且是显示目标不可到达，如图 1-56 所示。

图 1-56　配置路由前 PC 之间不通

4. 配置各路由器的路由协议

```
Router1:
!
router ospf 1
 log-adjacency-changes
```

```
 network 192.168.1.0 0.0.0.255 area 0
 network 192.168.2.0 0.0.0.255 area 0
!
Router2:
!
router ospf 1
 log-adjacency-changes
 network 192.168.2.0 0.0.0.255 area 0
 network 192.168.3.0 0.0.0.255 area 0
 network 192.168.4.0 0.0.0.255 area 0
!
Router3:
!
router ospf 1
 log-adjacency-changes
 network 192.168.4.0 0.0.0.255 area 0
 network 192.168.5.0 0.0.0.255 area 0
!
```

5. 配置 OSPF 路由后验证连通性

从 PC1 去 Ping PC2 和 PC3，这次可以 Ping 通，如图 1-57 所示。在路由器里查看路由信息可以发现，路由器已经通过路由协议学到了相关路由信息，如图 1-57 所示，其中带 O 的路由记录为 OSPF 协议学到的路由信息。

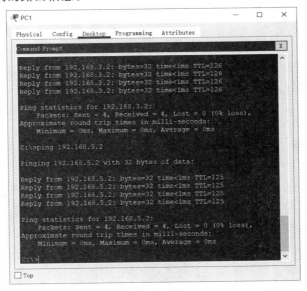

图 1-57　配置路由后 PC 之间可以互通

```
Router1#show ip route
Codes: L - local, C - connected, S - static, R - RIP, M - mobile, B - BGP
D - EIGRP, EX - EIGRP external, O - OSPF, IA - OSPF inter area
N1 - OSPF NSSA external type 1, N2 - OSPF NSSA external type 2
E1 - OSPF external type 1, E2 - OSPF external type 2, E - EGP
i - IS-IS, L1 - IS-IS level-1, L2 - IS-IS level-2, ia - IS-IS inter area
* - candidate default, U - per-user static route, o - ODR
```

```
P - periodic downloaded static route

Gateway of last resort is not set

192.168.1.0/24 is variably subnetted, 2 subnets, 2 masks
C 192.168.1.0/24 is directly connected, GigabitEthernet0/1
L 192.168.1.1/32 is directly connected, GigabitEthernet0/1
192.168.2.0/24 is variably subnetted, 2 subnets, 2 masks
C 192.168.2.0/24 is directly connected, GigabitEthernet0/0
L 192.168.2.1/32 is directly connected, GigabitEthernet0/0
O 192.168.3.0/24 [110/2] via 192.168.2.2, 00:24:03, GigabitEthernet0/0
O 192.168.4.0/24 [110/2] via 192.168.2.2, 00:24:03, GigabitEthernet0/0
O 192.168.5.0/24 [110/3] via 192.168.2.2, 00:23:10, GigabitEthernet0/0
```

五、实验思考

1. OSPF 协议是基于什么协议？
2. 试查阅资料比较 RIP 协议和 OSPF 协议的区别和优缺点。

实验 12　单 臂 路 由

一、实验目的与要求

（1）进一步理解路由器的基本原理。
（2）掌握 VLAN 间路由单臂路由的配置。
（3）掌握路由器子接口的基本配置。

二、实验相关理论与知识

单臂路由（Router-on-a-Stick）是指在路由器的一个接口上通过配置子接口（或"逻辑接口"，并不存在真正物理接口）的方式，实现原来相互隔离的不同 VLAN（虚拟局域网）之间的互联互通。

路由器的物理接口可以被划分成多个逻辑接口，这些被划分后的逻辑接口被形象地称为子接口。值得注意的是，这些逻辑子接口不能被单独开启或关闭，也就是说，当物理接口被开启或关闭时，所有该接口的子接口也随之被开启或关闭。

VLAN 能有效分割局域网，实现各网络区域之间的访问控制。但现实中，往往需要配置某些 VLAN 之间的互联互通。比如，你的公司划分为领导层、销售部、财务部、人力部、科技部、审计部，并为不同部门配置了不同的 VLAN，部门之间不能相互访问，有效保证了各部门的信息安全。但经常出现领导层需要跨越 VLAN 访问其他各个部门，这个功能就由单臂路由来实现。

三、实验环境与设备

Cisco Packet Tracer 环境： 2911 路由器一台；2960 交换机一台；普通 PC 主机三台；直连线四条。

四、实验内容与步骤

1．新建实验拓扑

添加一台 2911 路由器，一台 2960 交换机，三台普通主机，添加连线，PC1 的 F0 口连接 Switch0 的 F0/1 口，PC2 的 F0 口连接 Switch0 的 F0/2 口，PC3 的 F0 口连接 Switch0 的 F0/3 口，Switch0 的 G0/1 口连接 Router0 的 G0/0 口，实验拓扑如图 1-58 所示。

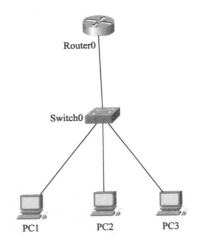

图 1-58 单臂路由实验拓扑图

2．设置主机和路由器接口 IP 等参数

（1）配置主机接口 IP 参数。根据表 1-17 配置各 PC 和路由器的接口 IP 地址。

表 1-17 IP 参数表

设 备 名	端　口	IP 地 址	网　关	备　注
PC1	F0	192.168.10.2/24	192.168.10.1	VLAN10
PC2	F0	192.168.20.2/24	192.168.20.1	VLAN20
PC3	F0	192.168.30.2/24	192.168.30.1	VLAN30
Router0	G0/0.1	192.168.10.1/24	—	子接口 1
	G0/0.2	192.168.20.1/24	—	子接口 2
	G0/0.3	192.168.30.1/24	—	子接口 3

（2）配置路由器子接口 IP 参数。

使用如下命令配置路由器子接口地址：

!

```
interface GigabitEthernet0/0.1
 encapsulation dot1Q 10
 ip address 192.168.10.1 255.255.255.0
!
interface GigabitEthernet0/0.2
 encapsulation dot1Q 20
 ip address 192.168.20.1 255.255.255.0
!
interface GigabitEthernet0/0.3
 encapsulation dot1Q 30
 ip address 192.168.30.1 255.255.255.0
!
```

3. 配置路由器

使用 no shutdown 命令将子接口所在的接口 G0/0 开启，否则子接口为 down 状态。使用 ip routing 命令开启路由器路由功能。配置完成后路由器完整命令如下：

```
Router0#show run
Building configuration...

Current configuration : 979 bytes
!
version 15.1
no service timestamps log datetime msec
no service timestamps debug datetime msec
no service password-encryption
!
hostname Router0
!!
no ip cef
no ipv6 cef
!
license udi pid CISCO2911/K9 sn FTX152407R7-
!
spanning-tree mode pvst
!
interface GigabitEthernet0/0
 no ip address
 duplex auto
 speed auto
!
interface GigabitEthernet0/0.1
 encapsulation dot1Q 10
 ip address 192.168.10.1 255.255.255.0
!
interface GigabitEthernet0/0.2
 encapsulation dot1Q 20
 ip address 192.168.20.1 255.255.255.0
!
interface GigabitEthernet0/0.3
 encapsulation dot1Q 30
```

```
 ip address 192.168.30.1 255.255.255.0
!
interface GigabitEthernet0/1
 no ip address
 duplex auto
 speed auto
!
interface GigabitEthernet0/2
 no ip address
 duplex auto
 speed auto
 shutdown
!
interface Vlan1
 no ip address
 shutdown
!
ip classless
!
ip flow-export version 9
!
line con 0
!
line aux 0
!
line vty 0 4
 login
!
end
```

4. 验证配置

在 PC1 上 Ping PC2 和 PC3，此时能全部 Ping 通，如图 1-59 所示。

图 1-59 验证配置结果

五、实验思考

1. 如果物理接口连接多个子接口，子接口的带宽会如何变化？
2. 单臂路由一般适合什么场景？

实验 13　IPv6/IPv4 隧道技术

一、实验目的与要求

（1）学会 IPv6 的简单配置。
（2）理解隧道技术的作用。
（3）掌握在 IPv4 网络中建立 IPv6 隧道的配置。

二、实验环境与设备

Cisco Packet Tracer 环境：2911 路由器两台；普通 PC 两台；交叉线四条。

三、实验相关理论与知识

在 IPv6 发展初期，必然有许多局部的纯 IPv6 网络，这些 IPv6 网络被 IPv4 主干网络隔离开来，为了使这些孤立的"IPv6 岛"互通，可以采取隧道技术的方式。

隧道技术是一种封装技术，即一种网络协议将其他网络协议的数据报文封装在自己的报文中，然后在网络中传输。封装后的数据报文在网络中传输的路径称为隧道。隧道是一条虚拟的点对点连接，隧道的两端需要对数据报文进行封装及解封装。隧道技术的实现包括数据封装、传输和解封装的全过程。

IPv6 over IPv4 隧道是在 IPv6 数据报文前封装上 IPv4 的报文头，通过隧道使 IPv6 报文穿越 IPv4 网络，实现隔离的 IPv6 网络互通。IPv6 over IPv4 隧道两端的设备必须支持 IPv4/IPv6 双协议栈，即同时支持 IPv4 协议和 IPv6 协议。

隧道对于源站点和目的站点是透明的，在隧道的入口处，路由器将 IPv6 的数据分组封装在 IPv4 中，该 IPv4 分组的源地址和目的地址分别是隧道入口和出口的 IPv4 地址，在隧道出口处，再将 IPv6 分组取出转发给目的站点。隧道技术的优点在于隧道的透明性，IPv6 主机之间的通信可以忽略隧道的存在，隧道只起物理通道的作用。

在图 1-60 中，左边和右边为纯 IPv6 网络，中间为 IPv4 网络，IPv6 通过 IPv4 隧道进行数据传输。

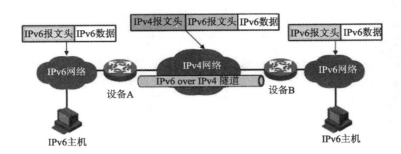

图 1-60　IPv6 over IPv4 隧道示意图

IPv6 over IPv4 隧道对报文的处理过程如下：

（1）IPv6 网络中的主机发送 IPv6 报文，该报文到达隧道的源端设备 A。

（2）设备 A 根据路由表判定该报文要通过隧道进行转发后，在 IPv6 报文前封装上 IPv4 的报文头，通过隧道的实际物理接口将报文转发出去。IPv4 报文头中的源 IP 地址为隧道的源端地址，目的 IP 地址为隧道的目的端地址。

（3）封装报文通过隧道到达隧道目的端设备（或称隧道终点）Device B，Device B 判断该封装报文的目的地是本设备后，将对报文进行解封装。

（4）Device B 根据解封装后的 IPv6 报文的目的地址处理该 IPv6 报文。如果目的地就是本设备，则将 IPv6 报文转给上层协议处理，否则查找路由表转发该 IPv6 报文。

四、实验内容与步骤

1. 新建实验拓扑

添加两台 2911 路由器，两台普通 PC，添加连线，PC1 的 F0 口连接 R1 的 G0/1 口，PC2 的 F0 口连接 R2 的 G0/1 口，R1 的 G0/0 口连接到 R2 的 G0/0 口，实验拓扑如图 1-61 所示。

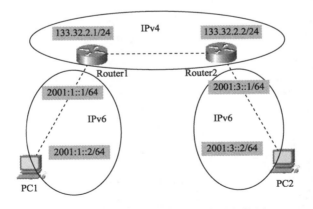

图 1-61　IPv6/IPv4 隧道技术实验拓扑图

2. 设置主机和路由器接口 IP 等参数

各主机和路由器的地址规划见表 1-18。

计算机网络实验与实践指导

表 1-18　IP 参数表

设 备 名	端　　口	IP 地 址	网　　关	备　　注
PC1	F0	2001:1::2/64	2001:1::1	IPv6
PC2	F0	2001:3::2/64	2001:3::1	IPv6
R1	G0/1	2001:1::2	—	IPv6
R1	G0/0	133.32.2.1/24	—	IPv4
R2	G0/1	2001:3::1	—	IPv6
	G0/0	133.32.2.2/24	—	IPv4

配置 PC1 的 IPv6 地址,IPv6 地址的配置如图 1-62 所示。以同样的方式配置 PC2 的 IPv6 地址。

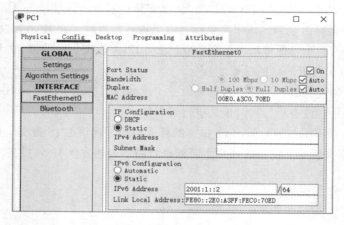

图 1-62　配置 PC 的 IPv6 地址

配置 PC1 的 IPv6 默认网关,如图 1-63 所示。以同样的方式配置 PC2 的 IPv6 默认网关。

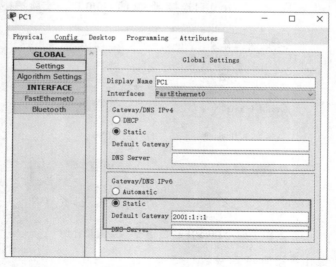

图 1-63　配置 PC 的 IPv6 默认网关

配置 R1 路由器的接口 IP 地址，命令如下所示，以同样的方式配置 R2 的 G0/1 接口。

```
R1(config)#interface G0/1
R1(config-if)#ipv6 address 2001:1::1/64
R1(config-if)#no shutdown
R2(config)#interface G0/1
R2(config-if)#ipv6 address 2001:3::1/64
R2(config-if)#no shutdown
```

3．配置路由器 IPv6 隧道

在 R1 上配置 tunnel 0 隧道，配置其 IPv6 地址，并配置源接口和目的接口地址，设置隧道模式为封装 IPv6，最后配置静态路由。

```
R1(config)# ipv6 unicast-routing （开启 IPv6 单播功能）
R1(config)#interface tunnel 0 （定义隧道接口 0）
R1(config-if)#ipv6 address 2001:2::1/64 （配置隧道 IPv6 地址）
R1(config-if)#no shutdown
R1(config-if)#tunnel source gigabitEthernet 0/0 （配置隧道源端接口）
R1(config-if)#tunnel destination 133.32.2.2 （配置隧道目的地址）
R1(config-if)#tunnel mode ipv6ip （定义隧道封装类型为 IPv6）
R1(config-if)#ipv6 route 2001:3::/64 2001:2::2 （配置到目的网络的静态路由）
```

以同样的方式在 R2 上配置隧道。

```
R2(config)# ipv6 unicast-routing
R2(config)#interface tunnel 0
R2(config-if)#ipv6 address 2001:2::2/64
R2(config-if)#no shutdown
R2(config-if)#tunnel source gigabitEthernet 0/0
R2(config-if)#tunnel destination 133.32.2.1
R2(config-if)#tunnel mode ipv6ip
R2(config-if)#ipv6 route 2001:1::/64 2001:2::1
```

4．验证配置

在 PC1 上 Ping PC2 的 IPv6 地址，能成功 Ping 通，如图 1-64 所示，说明 IPv6/IPv4 隧道建立成功。

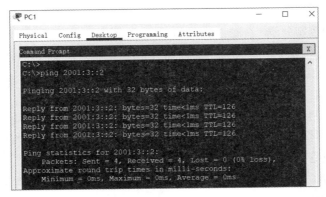

图 1-64　验证隧道配置结果

五、实验思考

1. 实验中是在 IPv4 中建立 IPv6 隧道，请问能在 IPv6 中建立 IPv4 隧道吗？
2. 查阅资料，了解 IPv6/IPv4 共存的其他技术。

实验 14　访问控制列表（ACL）

一、实验目的与要求

（1）理解 ACL 的工作原理。
（2）学会 ACL 技术在网络中的应用。
（3）掌握 ACL 在路由器上的基本配置方式。
（4）学会扩展 ACL 的使用。

二、实验相关理论与知识

访问控制列表（Access List，ACL）是应用在网络设备接口的指令列表，这些指令列表用来告诉设备哪些数据包可以接收，哪些数据包需要拒绝。

访问控制列表可分为标准 IP 访问控制列表和扩展 IP 访问控制列表。

1. 标准 IP 访问控制列表

一个标准 IP 访问控制列表（标准 ACL）匹配 IP 包中的源地址或源地址中的一部分，可对匹配的包采取拒绝或允许两个操作。编号范围是 1~99 的访问控制列表是标准 IP 访问控制列表。标准 ACL 占用网络设备资源少，是一种最基本、最简单的访问控制列表格式。其应用比较广泛，经常在要求控制级别较低的情况下使用。如果要更加复杂地控制数据包的传输，就需要使用扩展访问控制列表了，扩展访问控制列表可以满足基于端口级控制的要求。

2. 扩展 IP 访问控制列表

扩展 IP 访问控制列表（扩展 ACL）比标准 IP 访问控制列表具有更多的匹配项，包括协议类型、源地址、目的地址、源端口、目的端口和建立连接的 IP 优先级等。编号范围是 100~199 的访问控制列表是扩展 IP 访问控制列表。

扩展 ACL 功能很强大，它可以控制源 IP、目的 IP、源端口和目的端口，能实现相当精细的控制。扩展 ACL 不仅读取 IP 包头的源地址和目的地址，还要读取第四层包头中的源端口和目的端口的 IP。不过它存在一个缺点，就是在没有硬件 ACL 加速的情况下，扩展 ACL 会消耗大量的设备 CPU 资源。所以当使用中低档路由器时应尽量减少扩展 ACL 的条目数，将其简化为标准 ACL 或将多条扩展 ACL 合并。

三、实验环境与设备

Cisco Packet Tracer 环境：普通 PC 主机两台；Server 服务器两台；2911 路由器一台；2960 交换机一台；交叉线两条；直连线三条。

四、实验内容与步骤

1．新建实验拓扑

添加一台 2911 路由器，一台 2960 交换机，两台普通主机，两台服务器，添加连线，PC1 的 F0 口连接 Router0 的 G0/1 口，PC2 的 F0 口连接 Router0 的 G0/2 口，Router0 的 G0/0 口连接 Switch0 的 G0/1 口，Switch0 的 F0/1 口连接 HTTP 服务器的 F0 口，Switch0 的 F0/2 口连接 DNS 服务器的 F0 口，实验拓扑如图 1-65 所示。

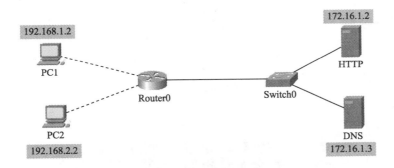

图 1-65　ACL 实验拓扑图

2．设置主机和路由器接口 IP 等参数

根据表 1-19 配置各 PC、服务器和路由器的接口 IP 地址、子网掩码和默认网关，PC 配置 DNS 地址，在 DNS 服务器上开启 DNS 服务，并添加一条 www.baidu.com 指向 172.16.1.2 的 A 记录。使用 ip routing 命令开启 Router0 的路由后，各网段都能正常访问，PC 能正常访问 HTTP 网站。

表 1-19　IP 参数表

设 备 名	端 口	IP 地 址	网 关	DNS
PC1	F0	192.168.1.2/24	192.168.1.1	172.16.1.3
PC2	F0	192.168.2.2/24	192.168.2.1	172.16.1.3
HTTP	F0	172.16.1.2/24	172.16.1.1	—
DNS	F0	172.16.1.3/24	172.16.1.1	—
Router0	G0/0	172.16.1.1/24	—	—
	G0/1	192.168.1.1/24	—	—
	G0/2	192.168.2.1/24	—	—

3. 配置 ACL

在路由器上配置 ACL，使 PC1 无法 Ping 通服务器网段。

```
Router0>en
Router0#conf t
Router0(config)#access-list 101 deny icmp 192.168.1.0 0.0.0.255 172.16.1.0
0.0.0.255
Router0(config)#access-list 101 permit ip any any
Router0(config)#int G0/2
Router0(config-if)#ip access-group 101 in
```

继续配置路由器，使得 PC2 无法使用 DNS 服务。

```
Router>en
Router#conf t
Router(config)#access-list 102 deny udp host 192.168.2.2 172.16.1.0
0.0.0.255 eq 53
Router(config)#access-list 102 permit ip any any
Router(config)#int G0/0（注意，此时 ACL 应用接口在服务器连接的端口上！）
Router(config-if)#ip access-group 102 out（此时用 out 而不是 in）
```

4. 验证配置

此时从 PC1 去 Ping 服务器地址，无法 Ping 通，提示目标主机无法到达，如图 1-66 所示。PC2 去 Ping 服务器网段不受影响。

图 1-66　ACL 配置后 PC1 无法 Ping 通服务器

PC1 用 Web 浏览器访问 http://172.16.1.2 不受影响，如图 1-67 所示，因为没有禁止 TCP 和 UDP。

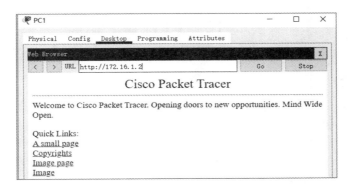

图 1-67　PC1 访问 HTTP 服务器不受影响

从 PC2 上访问 www.baidu.com，显示主机名字无法解析，如图 1-68 所示。

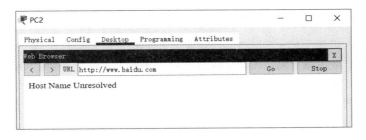

图 1-68　PC2 无法通过域名访问 HTTP 服务器

再在 PC2 上用 IP 地址访问 HTTP，仍能正常访问，如图 1-69 所示，说明 ACL 只限制 UDP 协议的 DNS 数据包，其他协议不受影响。

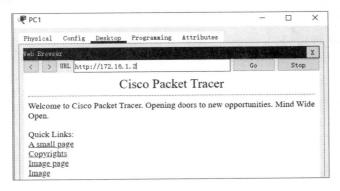

图 1-69　用 IP 地址仍能访问 HTTP 服务器

五、实验思考

1. ACL 使用时什么时候用 in，什么时候用 out？
2. 一般情况下什么时候使用标准 ACL？什么时候使用扩展 ACL？
3. 查找资料，写一条关闭 445、135～139 端口的 ACL。

实验 15　PPP 配 置

一、实验目的与要求

（1）理解串行链路上的封装概念。
（2）理解 PPP 的工作原理。
（3）掌握 PAP、CHAP 的基本配置步骤和方法。
（4）掌握对 PAP、CHAP 进行诊断的方法。

二、实验相关理论与知识

PPP（Point to Point Protocol）数据链路层协议有两种认证方式：一种是 PAP，一种是 CHAP。相对来说，PAP 的认证方式安全性没有 CHAP 高。PAP 在传输时使用的 password 是明文的，而 CHAP 在传输过程中不传输密码，PAP 认证是通过两次握手实现的，而 CHAP 则是通过三次握手实现的。

PPP 不是专用协议，PPP 允许同时使用多个网络层协议。PPP 支持认证，允许多个网络层协议在同一通信链路上运行。对于所使用的每个网络层协议，PPP 都分别使用独立的 NCP。NCP 包含了功能字段，功能字段中包含的标准化代码用于指示 PPP 封装的网络层协议。

与一次性身份验证的 PAP 不同，CHAP 定期执行消息询问，以确保远程结点仍然拥有有效的口令值。CHAP 通过使用唯一且不可预测的可变询问消息值提供回送攻击防护功能。

三、实验环境与设备

Cisco Packet Tracer 环境：PC 主机四台；2911 路由器两台；2960 交换机两台；串行 DCE 线缆一条；直连线若干。

四、实验内容与步骤

1. 新建实验拓扑

添加四台普通 PC 主机，两台 2911 路由器，两台 2960 交换机，各设备添加线缆，其中 PC1 的 F0 口连接 Switch1 的 F0/1 口，PC2 的 F0 口连接 Switch1 的 F0/2 口，Switch1 的 G0/1 连接 Router1 的 G0/1 口，PC3 的 F0 口连接 Switch2 的 F0/1 口，PC4 的 F0 口连接 Switch2 的 F0/2 口，为 Router1 和 Router2 在关机状态下各添加一个 HWIC-2T 模块后再打开电源，用串口线连接两个路由器的 S0/0/0 口，实验拓扑如图 1-70 所示。

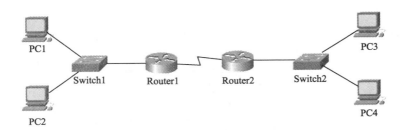

图 1-70　PPP 配置实验拓扑图

规划各设备接口地址参数见表 1-20，根据该表设置主机和服务器的 IP 地址、子网掩码和默认网关。

表 1-20　设备 IP 等参数表

设 备 名	端　口	IP 地 址	子 网 掩 码	网　关
PC1	F0	192.168.1.2	255.255.255.0	192.168.1.1
PC2	F0	192.168.1.3	255.255.255.0	192.168.1.1
PC3	F0	192.168.2.2	255.255.255.0	192.168.2.1
PC4	F0	192.168.2.3	255.255.255.0	192.168.2.1
Router1	G0/1	192.168.1.1	255.255.255.0	—
	S0/0/0	115.236.15.253	255.255.255.252	—
Router2	G0/1	192.168.2.1	255.255.255.0	—
	S0/0/0	115.236.15.254	255.255.255.252	—

2. 路由器接口参数设置

根据表 1-20 中路由器的 IP 参数，配置路由器各接口 IP。

Router1 配置：

```
Router1>en
Router1#conf t
Enter configuration commands, one per line. End with CNTL/Z.
Router1(config)#interface g0/1
Router1(config-if)#ip address 192.168.1.1 255.255.255.0
Router1(config-if)#no shutdown
Router1(config-if)#
%LINK-5-CHANGED: Interface GigabitEthernet0/1, changed state to up

%LINEPROTO-5-UPDOWN: Line protocol on Interface GigabitEthernet0/1, changed
state to up

Router1(config-if)#exit
Router1(config)#
Router1(config)#interface s0/0/0
Router1(config-if)#ip address 115.236.15.253 255.255.255.252
Router1(config-if)#no shutdown
Router1(config-if)#
%LINK-5-CHANGED: Interface Serial0/0/0, changed state to up
```

```
%LINEPROTO-5-UPDOWN: Line protocol on Interface Serial0/0/0, changed state
to up
```

Router2 配置:

```
Router2>en
Router2#conf t
Enter configuration commands, one per line.  End with CNTL/Z.
Router2(config)#interface g0/1
Router2(config-if)#ip address 192.168.2.1 255.255.255.0
Router2(config-if)#no shutdown
Router2(config-if)#
%LINK-5-CHANGED: Interface GigabitEthernet0/1, changed state to up

%LINEPROTO-5-UPDOWN: Line protocol on Interface GigabitEthernet0/1, changed
state to up

Router2(config-if)#exit
Router2(config)#
Router2(config)#interface s0/0/0
Router2(config-if)#ip address 115.236.15.254 255.255.255.252
Router2(config-if)#no shutdown
Router2(config-if)#
%LINK-5-CHANGED: Interface Serial0/0/0, changed state to up
%LINEPROTO-5-UPDOWN: Line protocol on Interface Serial0/0/0, changed state
to up
```

3. 配置 PPP

配置 Router1:

```
Router1#conf t
Enter configuration commands, one per line.  End with CNTL/Z.
Router1(config)#interface s0/0/0
Router1(config-if)#encapsulation ppp
Router1(config-if)#
%LINEPROTO-5-UPDOWN: Line protocol on Interface Serial0/0/0, changed state
to down
Router1(config-if)#ppp authentication chap
Router1(config-if)#exit
Router1(config)#iusername Router2 password 123456（注意，此处用户名须为对端路
由器的 hostname）
```

配置 Router2:

```
Router2#conf t
Enter configuration commands, one per line.  End with CNTL/Z.
Router2(config)#interface s0/0/0
Router2(config-if)#encapsulation ppp
Router2(config-if)#
%LINEPROTO-5-UPDOWN: Line protocol on Interface Serial0/0/0, changed state
to down
Router2(config-if)#ppp authentication chap
Router1(config-if)#exit
```

```
Router1(config)#iusername Router1 password 123456（注意，此处用户名须为对端路
由器的 hostname）
```

4．配置路由协议

配置 Router1 路由协议：

```
Router1(config)#
Router1(config)#router rip
Router1(config-router)#network 192.168.1.0
Router1(config-router)#network 115.236.15.0
```

配置 Router2 的 RIP 协议：

```
Router2(config)#
Router2(config)#router rip
Router2(config-router)#network 192.168.2.0
Router2(config-router)#network 115.236.15.0
```

5．验证配置

在计算机 PC1 上使用 Ping 命令检查网络的连通性，PC1 能 Ping 通 PC4，如图 1-71 所示。
利用 debug ppp authentication 命令进行诊断，观察诊断输出。

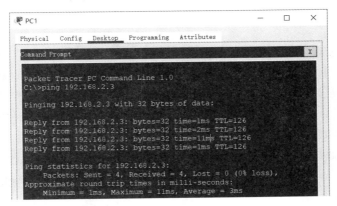

图 1-71　验证 PC1 与 PC4 的连通性

利用 debug ppp authentication 命令进行诊断，观察诊断输出，如图 1-72 所示。

```
Router1#
Serial0/0/0 IPCP: O CONFREQ [Closed] id 1 len 10

Serial0/0/0 IPCP: I CONFREQ [Closed] id 1 len 10

Serial0/0/0 IPCP: O CONFACK [Closed] id 1 len 10

Serial0/0/0 IPCP: I CONFACK [Closed] id 1 len 10

Serial0/0/0 IPCP: O CONFREQ [Closed] id 1 len 10

Serial0/0/0 IPCP: I CONFREQ [REQsent] id 1 len 10

Serial0/0/0 IPCP: O CONFACK [REQsent] id 1 len 10

Serial0/0/0 IPCP: I CONFACK [REQsent] id 1 len 10

%LINEPROTO-5-UPDOWN: Line protocol on Interface Serial0/0/0,
changed state to up
```

图 1-72　ppp debug 诊断输出

五、实验思考

1. PPP 的两种认证方式 PAP 与 CHAP 的认证过程有什么区别？
2. 查阅资料了解 PPPoE。

实验 16　无 线 配 置

一、实验目的与要求

（1）理解无线路由器和无线 AP 的区别。
（2）学会无线路由器的基本配置。
（3）学会无线路由器的 SSID 安全配置。

二、实验相关理论与知识

Wi-Fi 是一个创建于 IEEE 802.11 标准的无线局域网技术。

支持 IEEE 802.11 协议的设备目前市面上能看到很多，如个人计算机、游戏机、MP3 播放器、智能手机、平板计算机、打印机、笔记本计算机以及其他可以无线上网的周边设备。

无线 AP（Access Point，访问接入点）是一类支持 IEEE 802.11 协议、用来发射 Wi-Fi 信号的设备，是无线网和有线网之间沟通的桥梁。Wi-Fi 信号上网其实也是由有线网提供的，仅仅是在终端把有线网通过无线路由器或者其他无线 AP 设备转换成无线信号，以供支持 Wi-Fi 连接的终端设备连接上网。比如家里的 ADSL、小区宽带等，只要接一个无线路由器，就可以把有线信号转换成 Wi-Fi 信号。

我们平常讲的无线 AP 一般指单纯型无线 AP，它由于缺少了路由功能，相当于无线交换机，仅仅是提供一个无线信号发射的功能。它的工作原理是将网络信号通过双绞线传送过来，经过无线 AP 的编译，将电信号转换成为无线电信号发送出来，形成无线网络的覆盖。根据不同的功率，网络覆盖程度也是不同的，一般无线 AP 的最大覆盖距离可达 400 m。

无线路由器其实就是无线 AP+路由功能，如果是 ADSL 或小区宽带，应该选择无线路由而不是无线 AP 来共享网络；如果家里有路由器了，或者入户的光猫设备支持路由功能，单纯型无线 AP 就可以实现无线上网。无线路由器是包括了网络地址转换（NAT）协议来实现共享上网的。

无线网络中 SSID（Service Set Identifier，服务集标识符）是一个或一组基础架构无线网络的标识。根据标识方式可分为两种：基本服务集标识符（BSSID）和扩展服务集标识符（ESSID）。我们常用的可以表示无线网络名称的是 ESSID，它是一个区分大小写的字符串，最长支持 32 字节。SSID 是无线设备扫描无线网络时看到的无线网络标识，通过它用户可以直观地了解周围的无线信号源，并选择进行连接或断开。通俗地说，SSID 就是路由器发送的无线信号的名字，通过这个名字才可以找到对应的无线网络。例如，将无线路由器的 SSID 命名为 123，如果当无线路由器开启，并启用了无线功能和允许了 SSID 广播，那么就可以找到名称为 123 的无线网络。

无线网络的安全性主要是无线网络的加密，其通常的加密方式为 WPA，全名为 Wi-Fi Protected Access，目前已有 WPA、WPA2 和 WPA3 三个标准，是一种保护无线网络安全的系统。

三、实验环境与设备

Cisco Packet Tracer 环境：WRT300N 路由器一台；Cell Tower 一个，普通 PC 主机一台；平板计算机一台；笔记本计算机一台；智能手机一台；DSL Modem 一台；PT-Cloud 一个；直连线两条；电话线一条。

四、实验内容与步骤

1．新建实验拓扑

添加 WRT300N 路由器一台，普通 PC 主机一台，平板一台，笔记本计算机一台，智能手机一台，DSL Modem 一台。智能手机 Smartphone0 和平板计算机 Tablet PC0 自带无线适配器，会自动通过无线连接到无线路由器及信号塔。关闭笔记本计算机电源，移除有线网卡，并添加 WPC300N 无线网卡，再开电源，笔记本计算机会自动连接到无线路由器，台式计算机 PC0 的 F0 口连接到无线路由器的 Ethernet1 口，将无线路由器的 Internet 口连接到 DSL Modem0 的 Port1，DSL Modem0 的 Port0 通过电话线连接到 Cloud0 的 Modem4，至此连线完成，如图 1-73 所示。

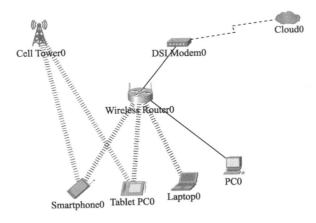

图 1-73　无线配置实验拓扑图

2．配置设备

打开无线路由器对话框，单击 GUI，出来可视化配置界面，找到 Wireless 菜单，在 Basic Wireless Settings 配置各个信号的 SSID 名字为 Home，如图 1-74 所示。

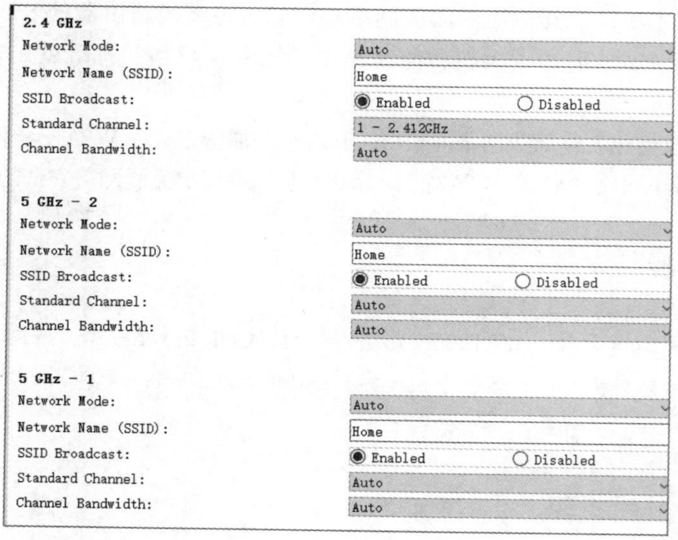

图 1-74 SSID 名字配置

在 Wireless Security 里配置各个信号的密钥为 cisco，如图 1-75 所示。

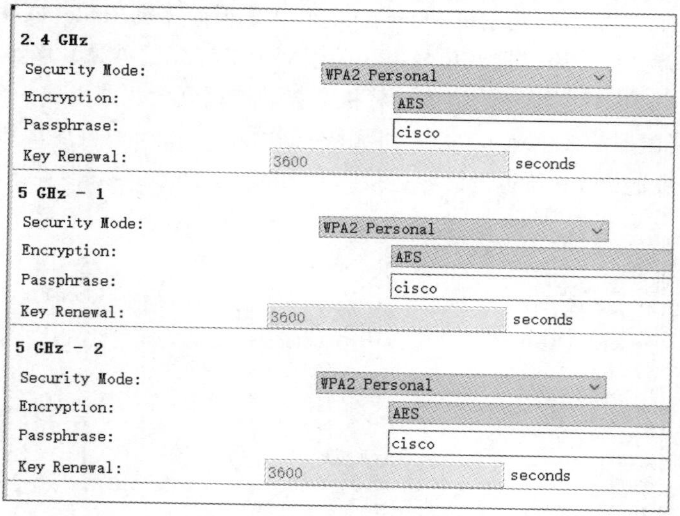

图 1-75 SSID 密钥设置

3. 验证配置

查看智能手机 Smartphone0、平板计算机 Tablet PC0、笔记本计算机 Laptop0 和台式计算机 PC0 的 IP 地址，应该均从路由器获取到了 IP 地址。

从台式计算机 PC0 上面测试 Ping Smartphone0 和 Tablet PC0，均能 Ping 通，如图 1-76 所示。

在台式计算机上 PC0 上打开 Web 浏览器，输入 http://192.168.0.1，弹出用户名密码输入界面，如图 1-77 所示。

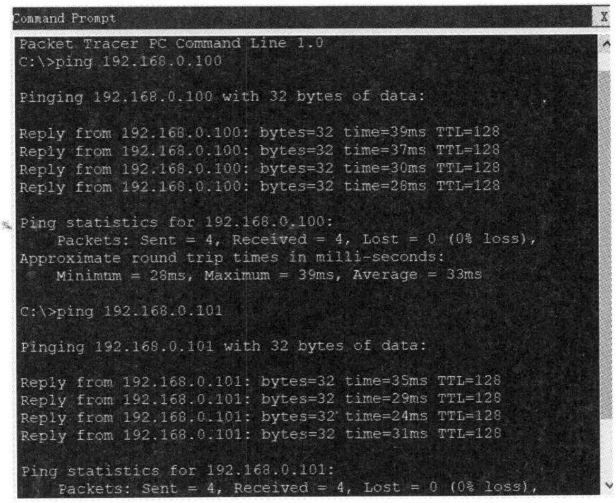

图 1-76　台式计算机 Ping 其他设备

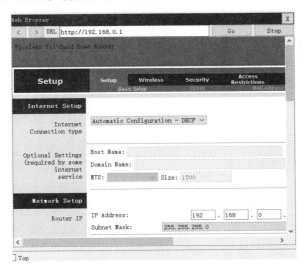

图 1-77　无线路由器 Web 配置界面登录

用户名密码均输入 admin，确认后即打开路由器 Web 配置页面，如图 1-78 所示。

图 1-78　无线路由器 Web 配置界面

五、实验思考

1. 简述 SSID 的定义。

2. 在 PC0 上 Ping 智能手机和平板计算机时，相应速度为 20 多毫秒或者 30 多毫秒，相对来说，为什么这么慢？

实验 17　NAT 配置

一、实验目的与要求

（1）理解 NAT 技术的作用。

（2）熟悉 NAT 技术的三种实现方式。

（3）掌握 NAT 实现的配置方法。

二、实验相关理论与知识

NAT（Network Address Translation，网络地址转换）是一个 IETF（Internet Engineering Task Force，Internet 工程任务组）标准，是一种把内部私有网络地址（IP 地址）翻译成合法网络 IP 地址的技术。因此可以认为，NAT 在一定程度上，能够有效地解决公网地址不足的问题。当在专用网内部的一些主机本来已经分配到了私有 IP 地址（即仅在本专用网内使用的专用地址），但现在又想和因特网上的主机通信时，可使用 NAT 技术。

这种方法需要在与内部网连接到因特网的路由器上安装 NAT 软件，装有 NAT 软件的路由器称为 NAT 路由器，它至少有一个有效的外部公网 IP 地址。这样，所有使用本地地址的主机在和外界通信时，都要在 NAT 路由器上将其本地地址转换成公网 IP 地址，才能和因特网连接。

这种通过使用少量的公有 IP 地址代表较多的私有 IP 地址的方式，将有助于减缓可用的 IP 地址空间的枯竭，同时也是共享上网的一种很好的途径。

NAT 不仅能解决 IP 地址不足的问题，还能够有效地避免来自网络外部的攻击，隐藏并保护网络内部的计算机。NAT 之内的 PC 联机到 Internet 上面时，所显示的 IP 是 NAT 主机的公网 IP，所以内部主机当然就具有一定程度的安全了，外界在进行 portscan（端口扫描）的时候，就侦测不到内部主机的端口。

NAT 的实现方式有三种，即静态转换（Static Nat）、动态转换（Dynamic Nat）和端口多路复用（OverLoad）。

静态转换是指将内部网络的私有 IP 地址转换为公有 IP 地址，IP 地址对是一对一的，是一成不变的，某个私有 IP 地址只转换为某个公有 IP 地址。借助于静态转换，可以实现外部网络对内部网络中某些特定设备（如服务器）的访问。

动态转换是指将内部网络的私有 IP 地址转换为公用 IP 地址时，IP 地址是不确定的，是随机的，所有被授权访问上 Internet 的私有 IP 地址可随机转换为任何指定的合法 IP 地址。也就是说，只要指定哪些内部地址可以进行转换，以及用哪些合法地址作为外部地址时，就可以进行动态转换。动态转换可以使用多个合法外部地址集。当 ISP 提供的合法 IP 地址略少于网络内部的计算机数量时。可以采用动态转换的方式。

端口多路复用是指改变外出数据包的源端口并进行端口转换，即端口地址转换（Port Address Translation，PAT）。采用端口多路复用方式，内部网络的所有主机均可共享一个合法外部 IP 地址实现对 Internet 的访问，从而可以最大限度地节约 IP 地址资源。同时，又可隐藏网络内部的所有主机，有效避免来自 Internet 的攻击。因此，目前网络中应用最多的就是端口多路复用方式。

传统的 NAT 技术只对 IP 层和传输层头部进行转换处理，但是一些应用层协议在协议数据报文中包含了地址信息。为了使得这些应用也能透明地完成 NAT 转换，NAT 使用一种称作 ALG（Application Level Gateway，即应用程序级网关）的技术，它能对这些应用程序在通信时所包含的地址信息也进行相应的 NAT 转换。例如，对于 FTP 协议的 PORT/PASV 命令、DNS 协议的 "A" 和 "PTR" queries 命令和部分 ICMP 消息类型等都需要相应的 ALG 来支持。

如果协议数据报文中不包含地址信息，则很容易利用传统的 NAT 技术来完成透明的地址转换功能，通常使用如下应用就可以直接利用传统的 NAT 技术：HTTP、Telnet、FINGER、NTP、NFS、ARCHIE、RLOGIN、RSH、RCP 等。

三、实验环境与设备

Cisco Packet Tracer 环境：普通 PC 主机三台；普通服务器两台；1941 路由器两台；2960 交换机两台；直连线七条。

四、实验内容与步骤

1. 新建实验拓扑

添加两台普通主机，两台服务器，两台 1941 路由器，两台 2960 交换机，各设备添加线缆，其中 PC0 的 F0 口连接到 Switch0 的 F0/1 口，PC1 的 F0 口连接到 Switch0 的 F0/2 口，Server0 的 F0 口连接到 Switch0 的 F0/3 口，Switch0 的 G0/1 口连接到 Router0 的 G0/1 口，Router0 的 G0/0 口连接到 Router1 的 G0/0 口，Router1 的 G0/1 口连接到 Switch1 的 G0/1 口，Server1 的 F0 口连接到 Switch1 的 F0/1 口。设置主机和服务器的 IP 地址、子网掩码和默认网关，实验拓扑如图 1-79 所示。

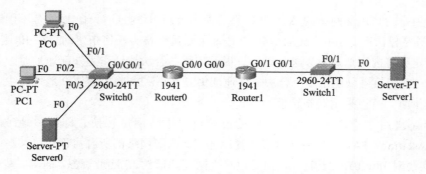

图 1-79　NAT 配置实验拓扑图

规划各设备的地址见表 1-21。

表 1-21　设备 IP 等参数表

设 备 名	端　口	IP 地 址	子 网 掩 码	网　关
PC0	F0	192.168.0.3	255.255.255.0	192.168.0.1
PC1	F0	192.168.0.4	255.255.255.0	192.168.0.1
Server0	F0	192.168.0.2	255.255.255.0	192.168.0.1
Server1	F0	183.134.192.2	255.255.255.0	183.134.192.1
Router0	G0/1	192.168.0.1	255.255.255.0	115.236.14.201
	G0/0	115.236.14.201	255.255.255.248	115.236.14.201
Router1	G0/1	183.134.192.1	255.255.255.0	—
	G0/0	115.236.14.206	255.255.255.248	—

2. 配置路由器 Router0 的 GigabitEthernet0/1 和 GigabitEthernet0/0 端口

```
Router0(config)#interface GigabitEthernet0/1
Router0(config-if)#ip address 192.168.0.1 255.255.255.0
Router0(config-if)#
Router1(config-if)#no shutdown
Router1(config-if)#
%LINK-5-CHANGED: Interface GigabitEthernet0/1, changed state to up
%LINEPROTO-5-UPDOWN: Line protocol on Interface GigabitEthernet0/1, changed
state to up
Router0(config-if)#exit
Router0(config)#interface GigabitEthernet0/0
Router0(config-if)#ip address 115.236.14.201 255.255.255.248
Router0(config-if)#
%LINK-5-CHANGED: Interface GigabitEthernet0/0, changed state to up
%LINEPROTO-5-UPDOWN: Line protocol on Interface GigabitEthernet0/0, changed
state to up
```

3. 配置路由器 Router1 的 GigabitEthernet0/1 和 GigabitEthernet0/0 端口

```
Router1(config)#interface GigabitEthernet 0/1
Router1(config-if)#ip address 183.134.192.1 255.255.255.0
Router1(config-if)#exit
Router1(config)#interface gigabitEthernet 0/0
Router1(config-if)#ip address 115.236.14.202 255.255.255.248
```

```
Router1(config-if)#no shutdown
Router1(config-if)#
%LINK-5-CHANGED: Interface GigabitEthernet0/0, changed state to up
Router1(config-if)#
Router1(config-if)#no shutdown
Router1(config-if)#
%LINK-5-CHANGED: Interface GigabitEthernet0/0, changed state to up
%LINEPROTO-5-UPDOWN: Line protocol on Interface GigabitEthernet0/0, changed
state to up
```

4．在路由器 Router0 上配置默认路由

```
Router0(config)#ip route 0.0.0.0 0.0.0.0 GigabitEthernet0/0
```

5．验证内网区域是否能 Ping 通外网区域

根据实验要求，本实验 Router0 左边区域为内网区域，右边区域为外网区域，目的是通过 NAT 转换，将内网区域地址转换为外网地址，从而可以实现私有地址访问外网地址。图 1-80 为内外网功能区域示意图。

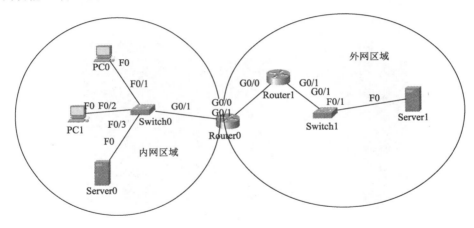

图 1-80　内外网区域示意图

在 PC0 或 PC1 或 Server0 上 Ping 外网服务器地址 183.134.192.2，正常应该无法 Ping 通，如图 1-81 所示。

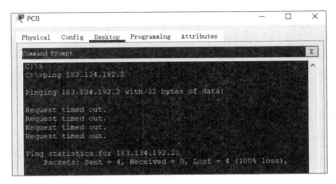

图 1-81　配置 NAT 之前 Ping 测试

6. 在路由器 Router0 上配置基于动态端口多路复用 OverLoad（NAPT）映射

```
Router0(config)#interface g0/1
Router0(config-if)#ip nat inside
Router0(config-if)#exit
Router0(config)#interface g0/0
Router0(config-if)#ip nat outside
Router0(config-if)#exit
Router0(config)#
Router0(config)#ip nat pool pool_Internet 115.236.14.202 115.236.14.203
netmask 255.255.255.248
Router0(config)# access-list 10 permit 192.168.0.0  0.0.0.255
Router0(config)# ip nat inside source list 10 pool pool_Internet overload
```

7. 再验证 NAT 配置

继续在 PC0 或 PC1 或 Server0 上 Ping 外网服务器地址 183.134.192.2，现在正常应该可以 Ping 通了，如图 1-82 所示。

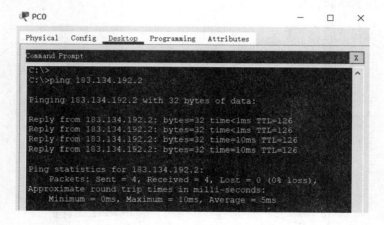

图 1-82　配置 NAT 之后 Ping 测试

在路由器 Router0 上查看 NAT 转化情况，显示如下：

```
Router0#show ip nat translations
Pro Inside global Inside local Outside local Outside global
icmp 115.236.14.202:41 192.168.0.3:41 183.134.192.2:41 183.134.192.2:41
icmp 115.236.14.202:42 192.168.0.3:42 183.134.192.2:42 183.134.192.2:42
icmp 115.236.14.202:43 192.168.0.3:43 183.134.192.2:43 183.134.192.2:43
icmp 115.236.14.202:44 192.168.0.3:44 183.134.192.2:44 183.134.192.2:44
```

根据显示结果，可以看到 Ping 的四条数据对应四条 NAT 转化数据，IP 内网地址 192.168.0.3 转化成 115.236.14.202，端口分别对应。

还可以通过 debug 进行调试，在 Router0 上使用 debug ip nat 命令开启 debug。当在主机 PC1 上用浏览器访问 http://183.134.192.2 时，显示如下 debug 信息。

```
IP NAT debugging is on
Router0#
NAT: s=192.168.0.4->115.236.14.202, d=183.134.192.2 [1]
NAT*: s=192.168.0.4->115.236.14.202, d=183.134.192.2 [2]
```

```
NAT*: s=192.168.0.4->115.236.14.202, d=183.134.192.2 [3]
NAT*: s=183.134.192.2, d=115.236.14.202->192.168.0.4 [2]
NAT*: s=192.168.0.4->115.236.14.202, d=183.134.192.2 [4]
NAT*: s=192.168.0.4->115.236.14.202, d=183.134.192.2 [5]
NAT*: s=183.134.192.2, d=115.236.14.202->192.168.0.4 [3]
NAT*: s=192.168.0.4->115.236.14.202, d=183.134.192.2 [6]
NAT*: s=183.134.192.2, d=115.236.14.202->192.168.0.4 [4]
NAT*: s=192.168.0.4->115.236.14.202, d=183.134.192.2 [7]
```

五、实验思考

1. 外网区域可以直接访问内网区域吗？
2. 如果需要从外网区域访问内网服务器 Server0，应如何配置？

实验 18　Web、FTP 服务器的配置

一、实验目的与要求

（1）掌握 Internet 信息服务（IIS）的安装。
（2）学会 IIS 虚拟目录的创建。
（3）掌握 Web 站点的创建及相关设置修改。
（4）掌握 FTP 站点的创建以及 FTP 用户的授权。
（5）学会测试和使用 Web 和 FTP 站点。

二、实验相关理论与知识

IIS(Internet Information Services,互联网信息服务)是由微软公司提供的基于运行 Microsoft Windows 的互联网基本服务。最初是 Windows NT 版本的可选包，随后内置在之后的部分 Windows 版本里一起发行。

IIS 是一个 World Wide Web Server。使用 IIS 能发布网页，并且支持 ASP(Active Server Pages)、Java、VBScript 等动态页面，支持扩展功能。

IIS 是一种 Web 服务组件，其中包括 Web 服务器、FTP 服务器、NNTP 服务器和 SMTP 服务器等，分别用于网页浏览、文件传输、新闻服务和邮件发送等。它使得在网络（包括互联网和局域网）上发布信息成了一件很容易的事。

当然，提供 Web、FTP 服务器的软件除了 IIS 以外，还有很多第三方软件，各种软件提供的功能不一样，软件的 Web 服务性能也不一样。

三、实验环境与设备

本次实验基于 Windows 2012 服务器环境，也可以用其他 Windows 环境（注意：家庭版本不提供 IIS 服务，另外不同 Windows 版本实验操作步骤略有不同）。

四、实验内容与步骤

1. IIS 安装

打开 Windows 2012 服务器的控制面板，单击"程序和功能"，如图 1-83 所示。

图 1-83　打开控制面板的"程序和功能"

在"程序和功能"窗口单击"启用或关闭 Windows 功能"，如图 1-84 所示。

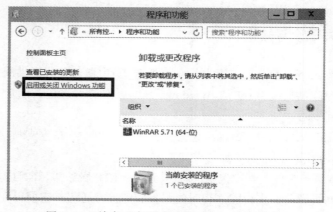

图 1-84　单击"启用或关闭 Windows 功能"

此时打开"服务器管理器"窗口，单击"添加角色和功能"，如图 1-85 所示。

出现"添加角色和功能向导"窗口，如图 1-86 所示，直接单击"下一步"按钮。

在新出现的对话框里选择"基于角色或基于功能的安装"单选按钮，如图 1-87 所示，单击"下一步"按钮。

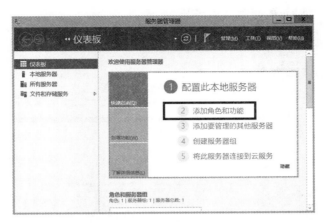

图 1-85　单击"添加角色和功能"

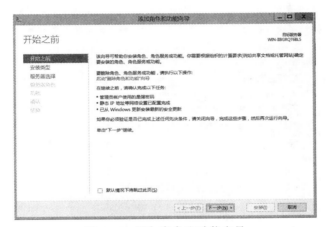

图 1-86　添加角色和功能向导

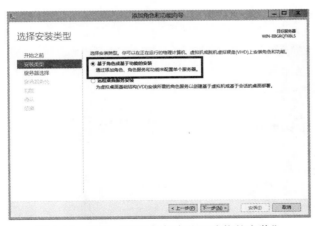

图 1-87　选择"基于角色或基于功能的安装"

出现"选择目标服务器"对话框，选中当前服务器，如图 1-88 所示，单击"下一步"按钮。

出现"选择服务器角色"对话框，选中"Web 服务器（IIS）"，如图 1-89 所示，单击"下一步"按钮。

计算机网络实验与实践指导

图 1-88　选择目标服务器

图 1-89　选择服务器角色

出现"选择功能"对话框，选中需要的功能，如不清楚相关选项内容可按默认项，如图 1-90 所示，单击"下一步"按钮。

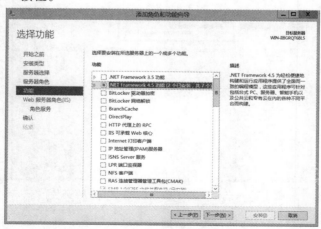

图 1-90　选择功能

出现"Web 服务器角色（IIS）"对话框，如图 1-91 所示，直接单击"下一步"按钮。

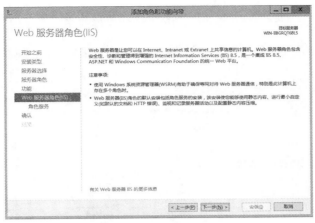

图 1-91　Web 服务器角色（IIS）

出现"选择角色服务"对话框，选中"FTP 服务"，如图 1-92 所示，单击"下一步"按钮。

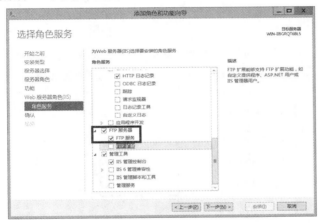

图 1-92　选择角色服务

出现"确认安装所选内容"对话框，如图 1-93 所示，如果没有问题，单击"安装"按钮开始安装，如需修改，可单击"上一步"按钮返回修改。

图 1-93　确认安装所选内容

出现"安装进度"对话框，耐心等待安装即可，安装完成单击"关闭"按钮，如图 1-94 所示。

图 1-94　IIS 安装完成

2. IIS 管理

IIS 安装完成后，打开控制面板，打开"管理工具"，如图 1-95 所示。

图 1-95　打开"管理工具"

在管理工具里找到"Internet Information Services(IIS)管理器"，双击打开，如图 1-96 所示。

图 1-96　打开"Internet Information Services(IIS)管理器"

出现"Internet Information Services（IIS）管理器"窗口，如图 1-97 所示。

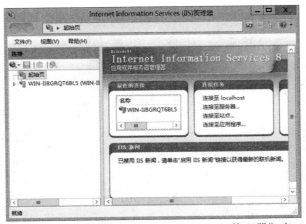

图 1-97　"Internet Information Services(IIS)管理器"窗口

此时 IIS 已有一个默认网站，如图 1-98 所示。

图 1-98　IIS Default Web Site

右击 Default Web Site，选择"浏览"命令，即可打开该网站的主目录，网站文件存放于此，如图 1-99 所示。该主目录可以修改，也可以添加虚拟目录。

图 1-99　默认网站主目录

可通过浏览器输入服务器的 IP 地址，即可打开默认网站，如图 1-100 所示。

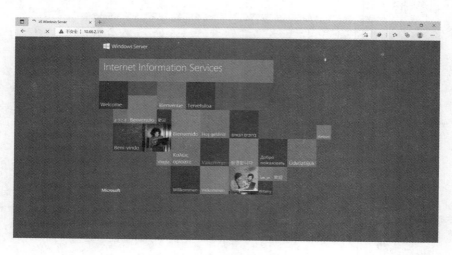

图 1-100　打开默认网站

3. FTP 配置

在 "Internet Information Services(IIS)管理器" 窗口中单击 "网站",在右边单击 "添加 FTP 站点",如图 1-101 所示。

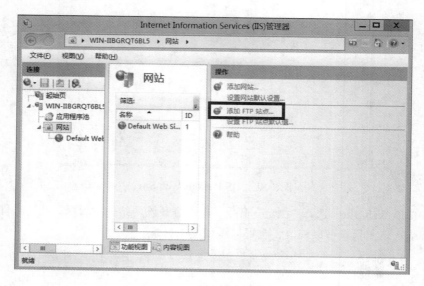

图 1-101　添加 FTP 站点

出现 "站点信息" 对话框,填入 "FTP 站点名称" 和 "物理路径",如图 1-102 所示,单击 "下一步" 按钮。

出现 "绑定和 SSL 设置" 对话框,默认绑定所有服务器的 IP,可以选择绑定某个 IP,端口默认为 21,可以进行修改,建议按默认端口设置。SSL 证书选择 "无 SSL",如图 1-103 所示,单击 "下一步" 按钮。

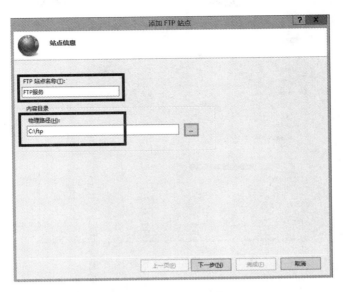

图 1-102　FTP 站点信息

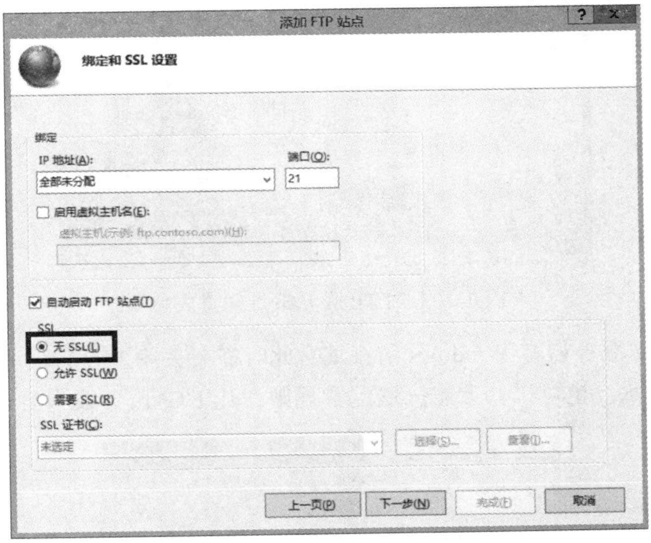

图 1-103　绑定和 SSL 设置

　　出现"身份验证和授权信息"对话框，在"身份验证"里选择"基本"，如果选择"匿名"，那么 FTP 可以不验证用户信息就可以访问，从安全角度考虑，建议不选"匿名"。授权里面允许访问可以选择"指定角色或用户组"，授权相应的角色或者用户组访问 FTP。权限有"读取"和"写入"两种，可根据需要选择，如果"读取"和"写入"都选中，表示指定的用户可以对 FTP 主目录进行"读取"和"写入"两种操作，如图 1-104 所示。

　　单击"完成"按钮即完成 FTP 站点的创建，此时在 Internet Information Services(IIS)管理器的网站里多了一个 FTP 服务的站点，如图 1-105 所示。

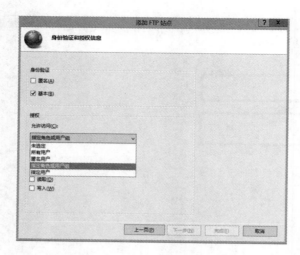

图 1-104　身份验证和授权信息

图 1-105　FTP 服务站点创建成功

因 Windows 2012 服务器有 Windows 防火墙，此时需要关闭 Windows 防火墙才能使用 FTP 服务，如图 1-106 所示。也可以修改防火墙配置规则，让 FTP 服务成为防火墙例外规则。

图 1-106　关闭 Windows 防火墙

依次打开"控制面板"→"管理工具"→"计算机管理"→"本地用户和组"选项，添加用于 FTP 服务的组和用户，如图 1-107 所示。

图 1-107　添加用户和组

用户和组添加和设置完成后，在 FTP 服务站点中找到 FTP 授权规则，双击打开 FTP 授权规则，并单击"添加允许规则"按钮，弹出"添加允许授权规则"对话框，选中"指定的角色或用户组"单选按钮，输入自己建立的用于 FTP 服务的用户组的名字，并设置用户组的权限，如图 1-108 所示。

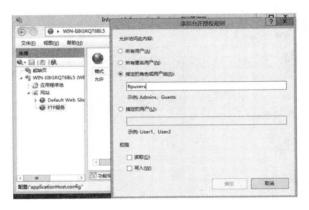

图 1-108　添加允许授权规则

此时 FTP 服务设置成功，打开 Windows 资源管理器，在地址栏里输入 ftp://10.66.2.210（服务器的 IP 地址），如图 1-109 所示。

图 1-109　在资源管理器里打开 FTP 站点

按【Enter】键后，会弹出"登录身份"对话框，输入之前创建的用户名和密码，如图 1-110 所示。

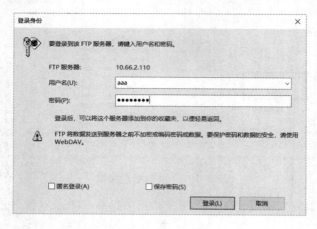

图 1-110　输入 FTP 用户名和密码

单击"登录"按钮即可登录到 FTP 站点，打开当前用户的 FTP 主目录，如图 1-111 所示。

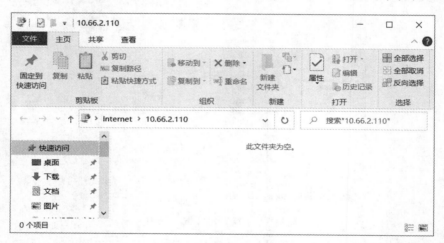

图 1-111　FTP 用户主目录

五、实验思考

1. 如果需要 IIS 支持动态网页，比如 ASPX 页面，需要怎么设置？
2. 尝试安装、配置和使用其他 Web 服务器和 FTP 服务器。

实验 19　DNS 服务器的配置

一、实验目的与要求

（1）理解 DNS 服务器的作用。

（2）理解 DNS 系统两种解析方式及其应用场景。

（3）掌握 DNS 服务器中子域和根域服务器配置。

二、实验相关理论与知识

DNS（Domain Name System，域名系统）是一种能够完成从名称到地址或从地址到名称的映射系统。DNS 采用客户端/服务器模式工作，客户端通过请求 DNS 服务器，将域名解析成 IP 地址。Internet 中的 DNS 被设计成为一个联机分布式数据库系统，客户端在该数据库系统中查询域名的过程称为解析方式，包括递归解析和迭代解析。

（1）递归解析：客户向 DNS 服务器请求递归回答，这就表示客户期望服务器提供最终解析。若 DNS 服务器是这个域名的权限服务器，就检查它的数据库和响应；若 DNS 服务器不是权限服务器，它就将请求发给另一个服务器（通常是父服务器）并等待响应。若父服务器是权限服务器，则响应；否则，就将查询再发给另一个服务器，当查询最终解析时，响应就返回，直到最后到达发出请求的客户。

（2）迭代解析：若客户没有要求递归回答，则解析可以按迭代方式进行。若服务器是这个域名的权限服务器，它就发送解析。若不是，就返回它认为可以解析这个查询的 DNS 服务器的 IP 地址。客户就向第二个 DNS 服务器重复查询。如此反复，直至获得解析。

当 DNS 服务器向另一个 DNS 服务器请求并收到它的响应，就在把它发送给客户之前，把这个信息存储在它的高速缓存中，这个信息会在高速缓存中存在一个生存周期（TTL），过了生存周期就会删除这条信息。

本实验中，PC0 访问 www.baidu.com 的时候，它向所指向的 DNS 服务器（COM 域 DNS 服务器）请求，COM 域 DNS 服务器接收到 DNS 请求，查询自己的 DNS 数据库，发现 www.baidu.com 的 IP 映射在自己的 DNS 数据库中，于是回复 PC0，PC0 就能访问 www.baidu.com. 服务了。PC0 访问 www126.net 和 www.163.net 的时候，COM 域 DNS 服务器查询自己的 DNS 数据库没有对应的 DNS 映射，此时 COM 域 DNS 服务器就会向根域 DNS 服务器（Root_DNS_Server）发送请求，根域 DNS 服务器，接收到 COM 域 DNS 服务器的请求，发现请求的目标服务器位于 NET 域服务器，于是根域 DNS 服务器去找 NET 域 DNS 服务器请求解析，NET 域 DNS 服务器发现 www.126.net 和 www.163.net 的 IP 映射在自己的 DNS 数据库，于是就回复根域 DNS 服务器，根域 DNS 服务器收到 NET 域服务器回复之后，它会将 www.126.net 和 www.163.net 的 IP 映射写入高速缓存中，如果有来自其他域的 DNS 请求信息，它可以直接回复，紧接着根域 DNS 服务器回复 COM 域 DNS 服务器，COM 域 DNS 服务器同样接收回复后把 IP 映射写入自己的高速缓存中，一旦有 PC 向它请求这两个域名的 IP，就会从高速缓存取出 IP 映射回复 PC。

三、实验环境与设备

Cisco Packet Tracer 环境：2911 路由器一台；2960 交换机两台；服务器六台；普通 PC 一台。

四、实验内容与步骤

1. 新建实验拓扑

添加一台 2911 路由器，两台 2960 交换机，六台普通服务器，一台普通交换机，根据拓扑图添加各个设备的线缆，其中 Com_DNS_Server 的 F0 口连接到 Switch0 的 F0/1 口，Baidu.com_Server 的 F0 口连接到 Switch0 的 F0/2 口，PC0 的 F0 口连接到 Switch0 的 F0/3 口，Switch0 的 G0/1 口连接到 Router0 的 G0/2 口，Root_DNS_Server 的 F0 口连接到 Router0 的 G0/0 口，Router0 的 G0/1 口连接到 Switch1 的 G0/1 口，Net_DNS_Server 的 F0 口连接到 Switch1 的 F0/1 口，126.net_Server 的 F0 口连接到 Switch1 的 F0/2 口，163.net_Server 的 F0 口连接到 Switch1 的 F0/3 口，实验拓扑如图 1-112 所示。

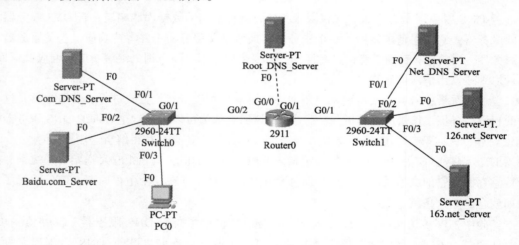

图 1-112　DNS 服务配置实验拓扑图

规划设备的 IP 地址等参数见表 1-22。设置主机和服务器的 IP 地址、子网掩码和默认网关。

表 1-22　设备 IP 等参数表

设 备 名	端　口	IP 地　址	子 网 掩 码	网　关	DNS
Router0	G0/0	8.8.8.1	255.255.255.0	—	—
	G0/1	183.134.192.1	255.255.255.0	—	—
	G0/2	202.101.172.1	255.255.255.0	—	—
Root_DNS_Server	F0	8.8.8.8	255.255.255.0	8.8.8.1	—
Com_DNS_Server	F0	202.101.172.35	255.255.255.0	202.101.172.1	—
Net_DNS_Server	F0	183.134.192.100	255.255.255.0	183.134.192.1	—

续表

设 备 名	端 口	IP 地 址	子 网 掩 码	网 关	DNS
Baidu.com_Server	F0	202.101.172.100	255.255.255.0	202.101.172.1	—
126.net_Server	F0	183.134.192.126	255.255.255.0	183.134.192.1	—
163.net_Server	F0	183.134.192.163	255.255.255.0	183.134.192.1	—
PC0	F0	202.101.172.2	255.255.255.0	202.101.172.1	202.101.172.35

2. 配置路由器 Router0 各个端口的 IP 参数

```
Router0(config)#interface GigabitEthernet0/0
Router0(config)#ip address 8.8.8.1 255.255.255.0
Router0(config)#interface GigabitEthernet0/1
Router0(config)#ip address 183.134.192.1 255.255.255.0
Router0(config)#interface GigabitEthernet0/2
Router0(config)#ip address 202.101.172.1 255.255.255.0
```

3. 验证各个网络是否连通

从 PC0 去 Ping 各服务器，检验是否能连通。正常应该都能 Ping 通，如果 Ping 不通，检查各设备 IP 等信息的配置，特别是默认网关设置。

4. 配置服务器的 Web 站点

开启 Baidu.com_Serve 等三台服务器的 HTTP 服务，设置相应的 Web 页面内容，如图 1-113 所示。

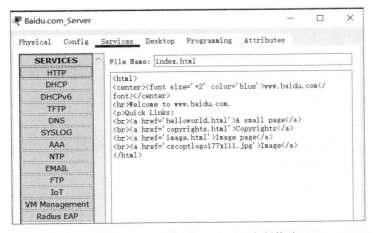

图 1-113 Web 服务器 Web 页面定制修改

5. 开启 Com_DNS_Server 和 Net_DNS_Server 两台服务器的 DNS 服务并配置参数

在服务器的 service 里找到 DNS，单击 On 开启 DNS 服务，添加一条 A Record 记录，Com_DNS_Server 解析记录如图 1-114 所示。用同样的方式在 Net_DNS_Server 服务器里面添加 www.126.net 和 www.163.net 两条解析记录。

6. 验证解析情况

在 PC0 上可以访问 www.baidu.com，但是无法访问 www.126.net 和 www.163.net，如图 1-115 所示。

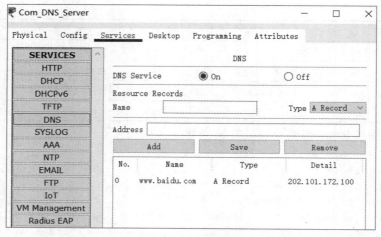

图 1-114 Com_Dns_Server 仅配置 com 域解析记录

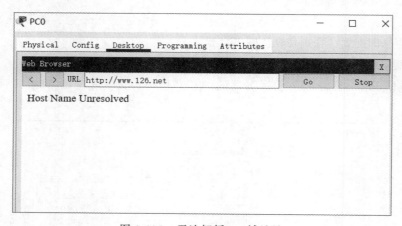

图 1-115 无法解析 net 域地址

修改 PC0 的 DNS 地址为 Net_DNS_Server 的地址 183.134.192.114 后，在 PC0 上能正常访问 www.126.net 和 www.163.net，如图 1-116 所示。

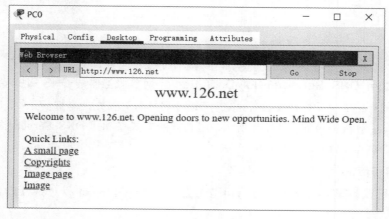

图 1-116 可以访问 net 域地址

7. 添加根域解析

在 Com_DNS_Server 的 dns 解析添加一条为"."的 NS 记录，指向 Root_DNS_Server，再添加一条 name 为 root_dns_server 的 A 记录，指向 Root_DNS_Server 的地址 8.8.8.8。

以同样的方式在 Net_DNS_Server 的 dns 解析添加一条为"."的 NS 记录，指向 Root_DNS_Server，再添加一条 name 为 root_dns_server 的 A 记录，指向 Root_DNS_Server 的地址 8.8.8.8。

在根域服务器 Root_DNS_Server 上添加解析记录如图 1-117 所示。

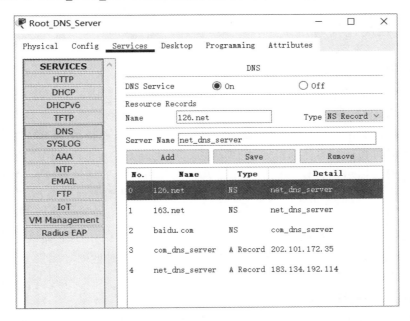

图 1-117　Root_DNS_Server 服务器解析记录

8. 再一次验证解析记录

此时在 PC0 上，不管设置 DNS 地址为 202.101.172.35 还是 183.134.192.114，www.baidu.com、www.126.net 以及 www.163.net 均能访问。

五、实验思考

1. 实验内容中第 6 步，为什么 PC0 一开始能访问 www.baidu.com，不能访问 www.126.net 和 www.163.net，而 DNS 地址设置成 183.134.192.114 后，能访问 www.126.net 和 www.163.net？

2. 实验内容第 7 步设置后，为什么此时所有域名都能正常解析了？

实验 20 DHCP 服务器的配置

一、实验目的与要求

（1）了解 DHCP 的作用和原理。

（2）掌握 DHCP 服务的配置方法。

二、实验相关理论与知识

1. DHCP 简介

DHCP（Dynamic Host Configuration Protocol，动态主机配置协议）是一个简化主机 IP 地址分配管理的 TCP/IP 标准协议。用户可以利用 DHCP 服务器管理动态的 IP 地址分配及其他相关的环境配置工作（如 DNS、WINS、Gateway 的设置）。在使用 TCP/IP 协议的网络上，每一台计算机都拥有唯一的计算机名和 IP 地址。IP 地址（及其子网掩码）用于鉴别它所连接的主机和子网，当用户将计算机从一个子网移动到另一个子网的时候，一定要改变该计算机的 IP 地址。如采用静态 IP 地址的分配方法将增加网络管理员的负担，而 DHCP 提供了计算机 IP 地址的动态配置，允许计算机向 DHCP 服务器临时申请一个 IP 地址，并且在一定时期内租用该号码，这就大大减少了在管理上所耗费的时间。DHCP 提供了安全、可靠且简单的 TCP/IP 网络配置，确保不会发生地址冲突，并且通过地址分配集中管理预留的 IP 地址。

2. DHCP 的实现原理

DHCP 使用客户端/服务器模式，在系统启动时，DHCP 客户机在本地子网中先发送 Discover Message（显示信息），此信息以广播的形式发送，且可能传播到本地网络的所有 DHCP 服务器，每个 DHCP 服务器收到这一信息后，就向提出申请的客户机发送一个 Offer Message（提供信息），其中包括一个可租用的 IP 地址和合法的配置信息。DHCP 客户机收集各个服务器提供的配置信息，从中选择一个，然后发送一个 DHCP 服务器的请求信息（Request Message），被选中的 DHCP 服务器发送一个 DHCP 确认信息（Acknowledgment Message），它包含着在显示（Discovery）期间第一次发送的地址，对该地址的合法租用及该用户的 TCP/IP 网络配置参数。客户机收到确认信息后，就进行地址绑定（Bind），这样它就加入了 TCP/IP 网络，且完成了其系统初始化。

具有本地存储器的客户机保存着接收到的地址以供系统启动时使用，因为当租用时间到期时，它就试图向 DHCP 服务器申请继续租用，而一旦当前的 IP 地址不能再被使用时，服务器就给它分配一个新地址。

三、实验环境与设备

Cisco Packet Tracer 环境：2960 交换机一台；普通服务器一台；普通 PC 主机三台；直连线四根。

四、实验内容与步骤

1. 建立实验拓扑

添加一台 2960 交换机，三台普通 PC，一台普通服务器，根据拓扑图添加各个设备的线缆，其中 PC0 的 F0 口连接到 Switch0 的 F0/1 口，PC1 的 F0 口连接到 Switch0 的 F0/2 口，PC2 的 F0 口连接到 Switch0 的 F0/3 口，Switch0 的 G0/1 口连接到 Server0 的 F0 口，实验拓扑如图 1-118 所示。

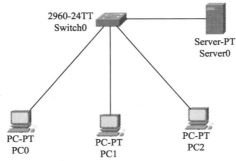

图 1-118　DHCP 服务器配置实验拓扑图

2. 服务器设置

设置服务器地址为 192.168.1.1/24，启用 DHCP 服务，并设置 DHCP 网关，起始地址和结束地址，子网掩码，注意起始地址要排除服务器本身地址，如图 1-119 所示。

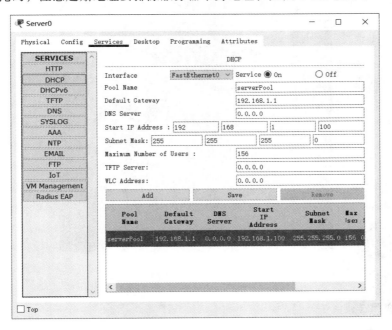

图 1-119　服务器 DHCP 开启及配置

3. 设置 PC0 主机

设置 PC0 主机的 IP 地址为自动获取，可以看到，PC0 自动从 DHCP 服务器上获取到了 IP

地址和子网掩码，如图 1-120 所示。

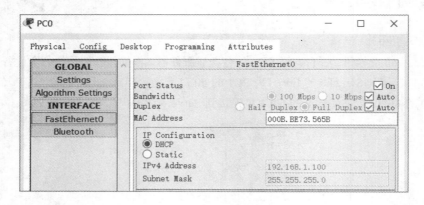

图 1-120　设置 PC0 自动获取 IP 地址

4. 验证配置

观察每台主机所获取地址的情况，如正常获取地址，在主机上 Ping 服务器，验证是否成功 Ping 通，正常应该能 Ping 通，如图 1-121 所示。

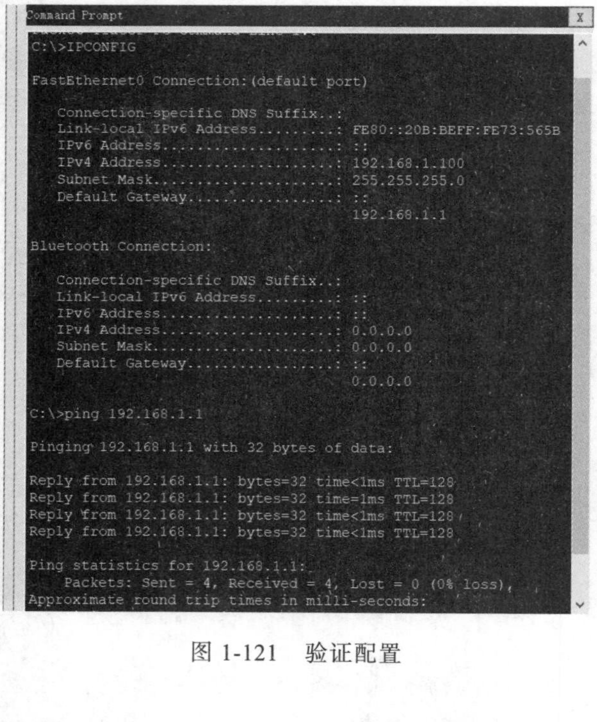

图 1-121　验证配置

五、实验思考

1. 配置 DHCP 地址池的时候为什么要排除服务器本身地址？
2. 如果 DHCP 跨网络，需要怎样配置？请自行查阅资料。
3. 查阅资料了解 DHCP 的工作过程。

实验 21　使用 Packet Tracer 分析 HTTP 数据包

一、实验目的与要求

（1）学会使用 Cisco Packet Tracer 进行抓包。

（2）分析抓到的 HTTP 数据包，深入理解 HTTP 协议，包括语法、语义、时序。

二、实验相关理论与知识

HTTP（Hyper Text Transfer Protocol，超文本传输协议）用于从万维网（World Wide Web，WWW）服务器传输超文本到本地浏览器。HTTP 基于 TCP/IP 通信协议，它是一个属于应用层的面向对象的协议，由于其简捷、快速的方式，适用于分布式超媒体信息系统。它于 1990 年提出，经过多年的使用与发展，得到不断的完善和扩展。HTTP 协议工作为客户端/服务端架构。浏览器作为 HTTP 客户端通过 URL 向 HTTP 服务端即 Web 服务器发送所有请求，Web 服务器接收到的请求后，向客户端发送响应信息。

HTTP 的主要特点：

（1）简单快速：客户向服务器请求服务时，只需传送请求方法和路径。请求方法常用的有 GET、HEAD、POST。每种方法规定了客户与服务器联系的类型不同。由于 HTTP 协议简单，使得 HTTP 服务器的程序规模小，因而通信速度很快。

（2）灵活：HTTP 允许传输任意类型的数据对象。正在传输的类型由 Content-Type 加以标记。

（3）无连接：限制每次连接只处理一个请求。服务器处理完客户的请求，并收到客户的应答后，即断开连接。采用这种方式可以节省传输时间。

（4）无状态：对于事务处理没有记忆能力。缺少状态意味着如果后续处理需要前面的信息，则它必须重传，这样可能导致每次连接传送的数据量增大。另外，在服务器不需要先前信息时它的应答就较快。

（5）使用 URL：HTTP 使用统一资源标识符（Uniform Resource Identifiers，URI）来传输数据和建立连接。URL（Uniform Resource Locator，统一资源定位符）是一种特殊类型的 URI，包含了用于查找某个资源的足够的信息，是互联网上用来标识服务器提供 Web 资源的地址。

三、实验环境与设备

Cisco Packet Tracer 环境：普通 PC 主机一台；普通服务器一台；交叉线一根。

四、实验内容与步骤

1. 建立实验拓扑

添加一台普通 PC 主机和一台普通服务器,并采用交叉线连接 PC0 的 F0 口和 Server0 的 F0 口,实验拓扑如图 1-122 所示。

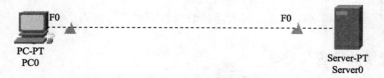

图 1-122 Packet Tracer 分析 HTTP 数据包实验拓扑图

2. 配置参数

配置 PC0 的 IP 地址为 192.168.1.16,子网掩码为 255.255.255.0。配置 Server0 的 IP 地址为 192.168.1.1,子网掩码为 255.255.255.0。

3. 抓包并且分析数据包

进行抓包设置,找到 Cisco Packet Tracer 软件上的 Simulation,然后单击 Edit Filters,勾选 HTTP,这里只抓取 HTTP 数据包,其他取消勾选,如图 1-123 所示。

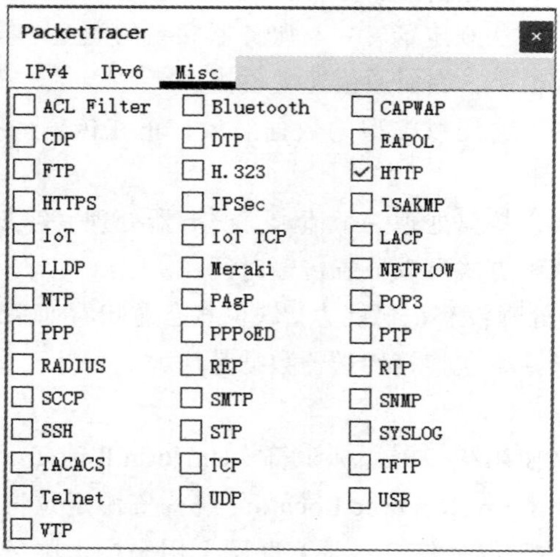

PacketTracer		✕
IPv4　IPv6　**Misc**		
☐ ACL Filter	☐ Bluetooth	☐ CAPWAP
☐ CDP	☐ DTP	☐ EAPOL
☐ FTP	☐ H.323	☑ HTTP
☐ HTTPS	☐ IPSec	☐ ISAKMP
☐ IoT	☐ IoT TCP	☐ LACP
☐ LLDP	☐ Meraki	☐ NETFLOW
☐ NTP	☐ PAgP	☐ POP3
☐ PPP	☐ PPPoED	☐ PTP
☐ RADIUS	☐ REP	☐ RTP
☐ SCCP	☐ SMTP	☐ SNMP
☐ SSH	☐ STP	☐ SYSLOG
☐ TACACS	☐ TCP	☐ TFTP
☐ Telnet	☐ UDP	☐ USB
☐ VTP		

图 1-123 勾选抓包协议

打开 PC0 的 Web 浏览器,访问 http://192.168.1.1,然后单击 Simulation 里的播放图标,观察 HTTP 数据包的发送和接收,抓包结果如图 1-124 所示。

分析数据包,Packet Trace 上面模拟的数据报文不是特别详细,首先分析请求报文,从请求报文可以看到以下这些信息,Accept-Language:en-us 表示用户希望优先得到英文版本的文档,Accept:*/* 表示接受任意类型,Connection:close 告诉服务器发送完请求文档后就可以释放连接,Host:192.168.1.1 给出了主机的地址,数据包截图如图 1-125 所示。

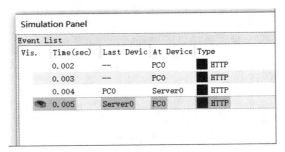

图 1-124 抓包结果

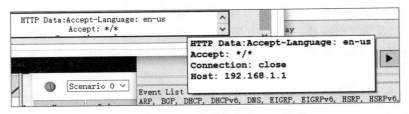

图 1-125 HTTP 请求数据包详细信息

响应报文详细信息如图 1-126 所示。Connect:close 含义和请求报文一样，Content-Length:
369 表示报文字节长度，Content-Type:text/html 表示具体请求中的媒体类型信息，这里是
HTML 格式。

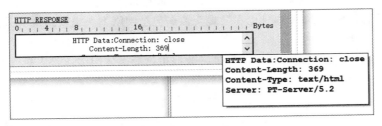

图 1-126 响应报文详细信息

五、实验思考

1. 通过 Cisco Packet Tracer 抓包，能否获取数据包的完整信息？

2. 查阅资料了解 Wireshark、SnifferPro、Snoop 以及 Tcpdump 等各抓包软件，并选择一个
或两个软件进行抓包实验。

实验 22　Wireshark 的使用

一、实验目的与要求

（1）会安装和使用 Wireshark 进行抓包。

（2）学会 Wireshark 常用的过滤规则。

（3）通过抓包分析，进一步理解协议的原理。

二、实验相关理论与知识

Wireshark（曾称 Ethereal）是一个网络抓包分析软件。其功能是捕获网络数据包，并尽可能显示出最为详细的数据包资料。Wireshark 使用 WinPCAP 作为接口，直接与网卡进行数据报文交换。

作为一款高效免费的抓包工具，Wireshark 可以捕获并描述网络数据包，其最大的优势就是免费、开源以及多平台支持，在 GNU 通用公共许可证的保障范围下，用户可以免费获取软件和代码，并拥有对其源码修改和定制的权利，如今其已是全球最广泛的网络数据包分析软件之一。

对于 Wireshark，不同的人可以做不同的事情，比如网络管理员使用 Wireshark 检测网络问题，网络安全工程师使用 Wireshark 检查信息安全相关问题，开发者使用 Wireshark 为新的通信协议调试，普通用户使用 Wireshark 学习网络协议相关知识。

Wireshark 不是入侵侦测软件（Intrusion Detection Software，IDS）。对于网络上的异常流量行为，Wireshark 不会产生警示或是任何提示。然而，仔细分析 Wireshark 截取的数据包有助于对网络行为有更清楚的了解。Wireshark 不会对网络数据包产生内容的修改，它只会反映出当前流通的数据包信息。Wireshark 本身也不会提交数据包至网络上。也就是说，只能查看数据包，不能修改或转发。

使用 Wireshark 时以使用抓包过滤器进行数据包过滤，使用表达式来建立过滤规则。以下是 Wireshark 显示过滤器语法和实例。

1. 比较操作符

比较操作符有 ==（等于）、! =（不等于）、>（大于）、<（小于）、>=（大于或等于）、<=（小于或等于）。

2. 协议过滤

直接在 Filter 文本框中直接输入协议名即可。注意：协议名称需要输入小写。tcp 表示只显示 TCP 协议的数据包列表；http 表示只查看 HTTP 协议的数据包列表；icmp 表示只显示 ICMP 协议的数据包列表。

3. IP 过滤

ip.src==192.168.1.1 表示显示源地址为 192.168.1.1 的数据包列表；ip.dst==192.168.1.1 表示显示目标地址为 192.168.1.1 的数据包列表；ip.addr == 192.168.1.1 表示显示源 IP 地址或目标 IP 地址为 192.168.1.1 的数据包列表。

4. 端口过滤

tcp.port ==80 表示显示源主机或者目的主机端口为 80 的数据包列表；tcp.srcport ==80 表示只显示 TCP 协议的源主机端口为 80 的数据包列表；tcp.dstport == 80 表示只显示 TCP 协议的目的主机端口为 80 的数据包列表。

5．HTTP 模式过滤

http.request.method=="GET"表示只显示 HTTP GET 方法的数据包列表。

6．逻辑运算符 and/or/not

例如，过滤多个条件组合时，可使用 and/or 运算符。例如，获取 IP 地址为 192.168.1.104 的 ICMP 数据包表达式为 ip.addr == 192.168.1.104 and icmp。

7．按照数据包内容过滤。

本项是在已有的数据包内容中，根据想要过滤的源地址、目的地址或者协议来进行自动填充过滤规则。例如，只显示目的地址为 192.168.1.1 的数据，可右击数据包中的目的地址 192.168.1.1，在弹出的快捷菜单中选择"作为过滤器应用"命令，然后单击"选中"，此时 Filter 文本框中自动填入 ip.dst == 192.168.1.1，同时数据包过滤为只显示目的地址为 192.168.1.1 的数据包列表。

三、实验环境与设备

安装有 Windows 10 的真实 PC 主机，并安装 Wireshark 软件，带有上网环境。

四、实验内容与步骤

1．安装 Wireshark

安装 Wireshark 网络分析器，软件会捆绑安装 winpcap，一切按照默认安装即可，图 1-127 为安装 Wireshark 3.4.5 版本运行界面。

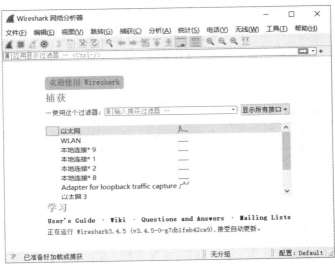

图 1-127　Wireshark 运行界面

2．软件使用及简单介绍

右击需要捕获的网卡，选择 Start capture 命令开始捕获数据包，Wireshark 开始捕获所选网卡的所有数据包。图 1-128 为 Wireshark 抓包后的主界面，它有三个窗格，分别为 Packet List Pane（数据包列表窗格）、Packet Details Pane（数据包详细信息窗格）和 Packet Bytes Pane（数据包字节窗格）。其中 Packet List Pane 列出所有抓取的包的简要信息，一条数据即为一个数据包；Packet Details Pane 显示选中的那个数据包的详细信息；Packet Bytes Pane 以十六进制形式显示所选数据包的实际数据。

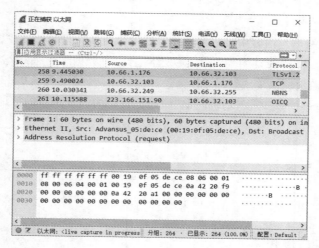

图 1-128　Wireshark 抓包界面

3. 抓包并分析

在"捕获"菜单里选取当前上网的网卡并开始抓包，这时 Wireshark 将捕获流经该网卡的所有数据包。本次进行简单的 Ping 测试并抓取 Ping 数据包，为了减少干扰，Wireshark 可以按规则显示需要的数据包，即过滤掉不需要的数据包。我们知道，Ping 使用 ICMP 协议来验证一个主机是否到达，因此在软件规则栏中输入 icmp，该规则就是过滤掉除了 ICMP 协议的数据包。

打开 CMD，并 Ping www.baidu.com，Wireshark 显示所有的 Ping 过程中的 ICMP 包，如图 1-129 所示。

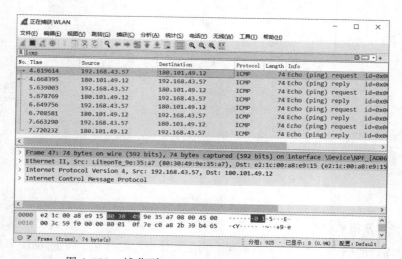

图 1-129　捕获到 Ping www.baidu.com 的 ICMP 包

可以看到，Windows 下 Ping 默认执行四次 Ping 程序，Wireshark 抓到八报文（四个请求报文和四个应答报文）。下面分析第一个报文，在软件里可以查看该报文的 Frame、EthernetII、Internet Protocol 以及 Internet Control Message Protocol 四个部分的信息内容。在 IP 协议里，可以看到该数据包的 IP Header 信息，包括字节数、Protocol、源地址（192.168.43.57）和目的地址（180.101.49.12）等，其中源地址就是本机地址，目的地址为百度服务器 IP 地址，如图 1-130 所示。

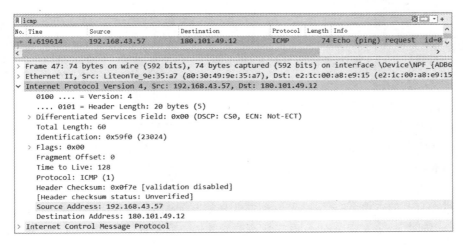

图 1-130　查看某一个 Ping 包的 IP 协议内容

五、实验思考

1. 抓包时需要网卡工作在什么模式？
2. 为什么用 Wireshark 抓包时可以捕获到别的主机与其他主机交互的数据包？
3. 使用 Tracert 命令跟踪一个地址，并用 Wireshark 进行抓包分析，分析 Tracert 使用什么协议来跟踪地址。

实验 23　分析 ARP 协议

一、实验目的与要求

（1）理解 ARP 协议的原理和作用。
（2）使用 Wireshark 软件对 ARP 进行抓包并分析。
（3）理解 ARP 缓存的作用。

二、实验相关理论与知识

1．ARP 协议介绍

ARP（Address Resolution Protocol，地址解析协议）是根据 IP 地址获取物理地址的一个 TCP/IP 协议。主机发送信息时将包含目标 IP 地址的 ARP 请求广播到局域网络上的所有主机，并接收返回消息，以此确定目标的物理地址，收到返回消息后将该 IP 地址和物理地址存入本机 ARP 缓存中并保留一定时间，下次请求时直接查询 ARP 缓存以节约资源。ARP 命令可用于查询本机 ARP 缓存中 IP 地址和 MAC 地址的对应关系，添加或删除静态对应关系等。在 IPv6 协议中，NDP 替代 ARP 成为 IPv6 的地址解析协议。

2．ARP 工作过程

主机 A 的 IP 地址为 192.168.1.1，MAC 地址为 0A-11-22-33-44-01；

主机 B 的 IP 地址为 192.168.1.2，MAC 地址为 0A-11-22-33-44-02；

当主机 A 要与主机 B 通信时，地址解析协议可以将主机 B 的 IP 地址（192.168.1.2）解析成主机 B 的 MAC 地址，以下为工作流程：

第 1 步：根据主机 A 上的路由表内容，IP 确定用于访问主机 B 的转发 IP 地址是 192.168.1.2。然后 A 主机在自己的本地 ARP 缓存中检查主机 B 的匹配 MAC 地址。

第 2 步：如果主机 A 在 ARP 缓存中没有找到映射，它将询问 192.168.1.2 的硬件地址，从而将 ARP 请求帧广播到本地网络上的所有主机。源主机 A 的 IP 地址和 MAC 地址都包括在 ARP 请求中。本地网络上的每台主机都接收到 ARP 请求，并且检查是否与自己的 IP 地址匹配。如果主机发现请求的 IP 地址与自己的 IP 地址不匹配，它将丢弃 ARP 请求。

第 3 步：主机 B 确定 ARP 请求中的 IP 地址与自己的 IP 地址匹配，则将主机 A 的 IP 地址和 MAC 地址映射添加到本地 ARP 缓存中。

第 4 步：主机 B 将包含其 MAC 地址的 ARP 回复消息直接发送回主机 A。

第 5 步：当主机 A 收到从主机 B 发来的 ARP 回复消息时，会用主机 B 的 IP 和 MAC 地址映射更新 ARP 缓存。本机缓存是有生存期的，生存期结束后，将再次重复上面的过程。主机 B 的 MAC 地址一旦确定，主机 A 就能向主机 B 发送 IP 通信了。

3．ARP 缓存

ARP 缓存是个用来存储 IP 地址和 MAC 地址的缓冲区，其本质就是一个 IP 地址→MAC 地址的对应表，表中每一个条目分别记录了网络上其他主机的 IP 地址和对应的 MAC 地址。每一个以太网或令牌环网络适配器都有自己单独的表。当地址解析协议被询问一个已知 IP 地址结点的 MAC 地址时，先在 ARP 缓存中查看，若存在，就直接返回与之对应的 MAC 地址，若不存在，才发送 ARP 请求向局域网查询。

为使广播量最小，ARP 维护 IP 地址到 MAC 地址映射的缓存以便将来使用。ARP 缓存可以包含动态和静态项目。动态项目随时间推移自动添加和删除。每个动态 ARP 缓存项的潜在生命周期是 10 min。新加到缓存中的项目带有时间戳，如果某个项目添加后 2 min 内没有再使用，则此项目过期并从 ARP 缓存中删除；如果某个项目已在使用，则又收到 2 min 的生命周期；如果某个项目始终在使用，则会另外收到 2 min 的生命周期，一直到 10 min 的最长生命周期。静态项目一直保留在缓存中，直到重新启动计算机为止。

4．ARP 欺骗

地址解析协议是建立在网络中各个主机互相信任的基础上的，局域网络上的主机可以自主发送 ARP 应答消息，其他主机收到应答报文时不会检测该报文的真实性就会将其记入本机 ARP 缓存。由此攻击者可以向某一主机发送伪 ARP 应答报文，使其发送的信息无法到达预期的主机或到达错误的主机，这就构成了一个 ARP 欺骗。

三、实验环境与设备

安装有 Wireshark 的真实 PC 主机，且带有上网环境。

四、实验内容与步骤

1．设置 Wireshark 抓包软件

打开 Wireshark 软件，选择"捕获"菜单，单击"选项"，选择要抓包的网络，单击"开始"（不同 Wireshark 软件略有不同），为防止干扰，在 Wireshark 的过滤栏内输入 arp 以过滤非 ARP 协议的数据包。

2．抓取并分析 ARP 数据

打开 cmd 程序，输入 arp -d *删除所有 ARP 项，输入 arp -a 验证删除成功，提示未找到 ARP 项，如图 1-131 所示。

图 1-131 删除 ARP 缓存

接着输入 Ping 10.66.32.1 命令，其中 10.66.32.1 为本地网关地址，Wireshark 捕获到两个 ARP 数据包，其中第一个是本机广播寻找 10.66.32.1 的 MAC 地址，第二个是网关回复本机 MAC 地址，如图 1-132 所示。

图 1-132 Wireshark 抓取 ARP 数据包

接着在 cmd 里再通过 arp –a 命令查看 ARP 项目，此时有了 10.66.32.1 的 MAC 地址项，而且地址与抓包数据里的地址一致，如图 1-133 所示。

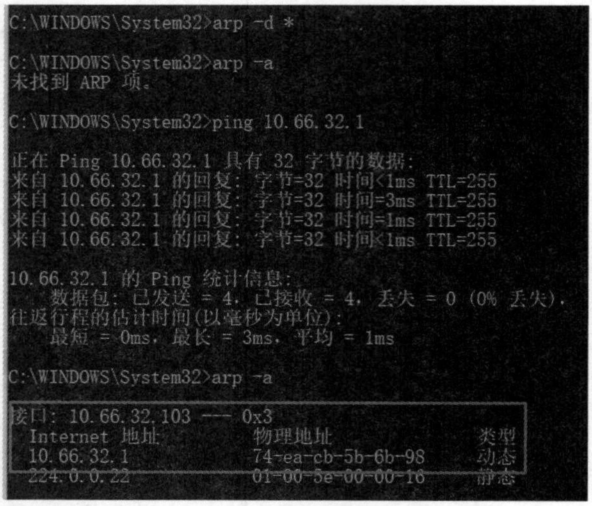

计算机网络实验与实践指导

图 1-133　查看 ARP 缓存

　　继续删除所有 ARP 项，在 cmd 里 Ping www.baidu.com，Wireshark 仍然抓到本机（10.66.32.103）请求网关（10.66.32.1）的广播包，并且收到了一个回复包，如图 1-134 所示。

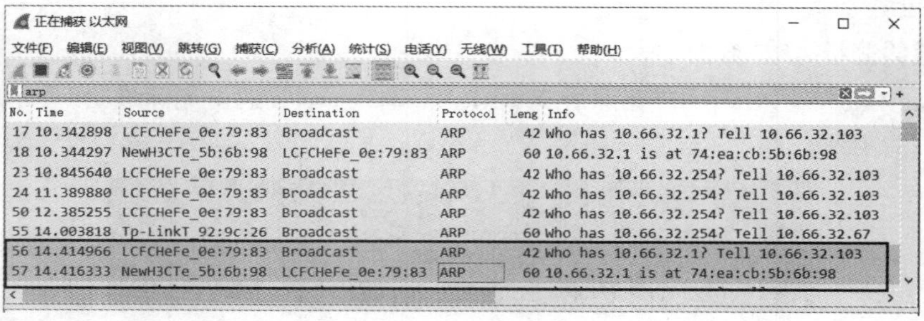

图 1-134　再次请求网关的广播包

　　结果分析：由于 arp –d * 删除了本地 ARP 高速缓存中默认网关与其物理地址的映射关系，所以在 Wireshark 中抓到一个请求网关的广播包，并且收到了一个回复包。在 Windows 10 系统下，使用 arp -d *删除所有 ARP 后，系统立即会发送请求网关的广播包。

五、实验思考

1. 实验中 Ping 百度时，为什么抓到的是本机和网关的广播包？
2. 如何防御 ARP 欺骗？

实验 24 TCP 三次握手

一、实验目的与要求

（1）通过协议分析软件了解 TCP 协议的报文格式。

（2）理解 TCP 报文段首部各字段的含义。

（3）掌握 TCP 建立连接的三次握手机制。

（4）了解 TCP 的确认机制，了解 TCP 的流量控制和拥塞控制。

二、实验相关理论与知识

TCP 是因特网中最主要的运输层协议，它能够在两个应用程序中提供可靠的、有序的数据流传输，能够检测传输过程中分组是否丢失、失序和改变，并利用重传机制保证分组可靠地传输到接收方。

1．TCP 首部格式

图 1-135 为 TCP 首部格式。首先是源端口和目的端口，服务器提供服务的端口号一般是固定的，比如 Web 服务端口号是 80，当然端口号可以由服务软件自定义，而客户端的端口号是由操作系统随机分配一个用户端口号。TCP 提供字节流服务，它为分组中的每个字节编号，首部中的序号表示分组中第一个字节的编号。接收方用确认号表示它期望接收的数据流中下一个字节编号，表明确认号之前的字节接收方都已经正确接收了。数据偏移字段表示报文段的首部长度。标志部分包含六标志位，ACK 位表明确认号字段是否有效；PUSH 位表示发送端应用程序要求数据立即发送；SYN、FIN、RESET 三位用来建立连接和关闭连接；URG 和紧急指针通常较少使用。接收端利用窗口字段通知发送方它能够接收多大数据量。检验和字段是接收方用来检验接收的报文是否在传输过程中出错。

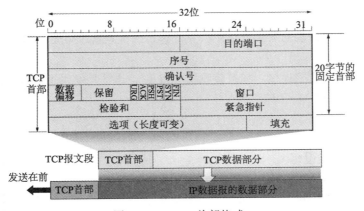

图 1-135　TCP 首部格式

TCP 重传机制：当发送方传输一个报文段的同时启动一个重传计时器，当该报文的确认到达时，这个计时器就会取消，如果这个计时器超时，那么数据将会被重传。TCP 在重传之前，并不总是等待重传计时器超时，TCP 也会把一系列重复确认的分组当作数据丢失的先兆；

TCP 流量控制机制：当发送方数据发送速率超过接收方的接收速率，利用滑动窗口实现流量控制。

16 位窗口大小：TCP 的流量控制由连接的每一端通过声明的窗口大小来提供。窗口大小为字节数，起始于确认序号字段指明的值，这个值是接收端正期望接收的字节。窗口大小是一个 16 字节字段，因而窗口大小最大为 65 535 字节。

TCP 拥塞机制：防止过多的数据注入网络中，这样可以使网络中的路由器或链路不至于过载，一般指端到端的通信量的控制。

紧急 URG：当 URG=1 时，表明紧急指针字段有效，它告诉系统次报文段中有紧急数据，应尽快传送。

确认 ACK：仅当 ACK=1 时，确认字号段才有效。TCP 规定，当建立连接后所有传送的报文段都必须把 ACK 置 1。

2. TCP 建立连接和释放连接

TCP 建立连接三次"握手"的过程如图 1-136 所示。

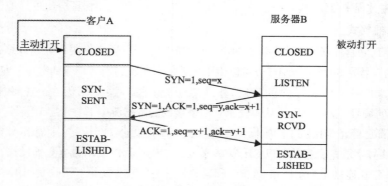

图 1-136　TCP 建立连接三次"握手"的过程

TCP 连接的释放：

推送 PSH：置 1 时请求的数据段在接收方得到后就可直接送到应用程序，而不必等到缓冲区满时才传送。

复位 RST：置 1 时重建连接。如果接收到 RST 位，通常是发生了某些错误。

同步 SYN：置 1 时用来发起一个连接。

终止 FIN：置 1 时表示发端完成发送任务。用来释放连接，表明发送方已经没有数据发送了。

三、实验环境与设备

安装有 Wireshark 软件的真实 PC 主机，并连上 Internet。

四、实验内容与步骤

在 TCP/IP 协议中，TCP 协议提供可靠的连接服务，采用三次握手建立一个连接。本次实验基于真实的环境，在安装有 Wireshark 软件的主机上，通过抓取数据包来分析 TCP 三次握手建立连接的详细过程。

1. 开启 Wireshark 抓包软件

打开 Wireshark 抓包软件，开启抓包。在 cmd 窗口中 Ping www.163.com，得到 163 网站服务器的 IP 地址为 60.163.162.37（因地区或上网方式不一样，地址可能不同），如图 1-137 所示。

图 1-137　获取 www.163.com 的服务器 IP 地址

2. Wireshark 添加过滤规则

为了便于分析，在 Wireshark 输入框里输入 ip.addr==60.163.162.37，即只显示地址为 IP 为 60.163.162.37 的数据包，如图 1-138 所示。

图 1-138　输入过滤规则

3. 分析数据包

输入过滤规则后，Wireshark 只显示了和地址 60.163.162.37 有关的数据包，前面八个包的协议为 ICMP，分别是 Ping www.163.com 的四个 Ping 请求和四个 Ping 响应包，接下来三个 TCP 包就是客户端和服务器的"三次 TCP 握手"过程，如图 1-139 所示。

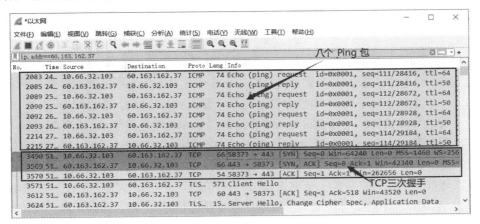

图 1-139　抓包示意图

打开第一个编号为 3490 的 TCP 包，可以看到是客户端（即本机）10.66.32.103 发给服务器 60.163.162.37 的 TCP 数据，源端口为 58373，目的端口是 443，从浏览器看地址，打开的 www.163.com 使用 HTTPS 协议，如图 1-140 所示。

图 1-140 访问 www.163.com 截图

第一次握手：第一个 TCP 包发送标记客户端发送标记为 SYN 到服务器发起握手，表示请求建立连接，并进入 SYN_SEND 状态，等待服务器确认，序号 Seq=0（此序号为相对序号），如图 1-141 所示。

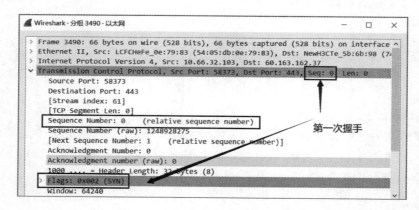

图 1-141 第一次握手 TCP 包详情图

第二次握手：服务器端接收到来自客户端的 TCP 报文之后，返回一段 TCP 报文，其中，标志位为 SYN 和 ACK，表示"确认客户端的报文 Seq 序号有效，服务器能正常接收客户端发送的数据，并同意创建新连接"（即告诉客户端服务器收到了数据），序号为 Seq=0（此序号为相对序号），确认号为 ACK=0+1，表示收到客户端的序号 Seq 并将其值加 1 作为自己确认号 Ack 的值，随后服务器进入 SYN-RECV 状态，如图 1-142 所示。

第三次握手：客户端接收到来自服务器端的确认收到数据的 TCP 报文之后，明确了从客户端到服务器的数据传输是正常的，结束 SYN-SENT 阶段。并向服务器发送一个 TCP 报文，其中标志位为 ACK，表示"确认收到服务器端同意连接的信号"（即告诉服务器，我知道你收到我发的数据了），序号为 Seq=0+1，表示收到服务器端的确认号 Ack，并将其值作为自己的序号值；确认号为 Ack=0+1，表示收到服务器端序号 Seq，并将其值加 1 作为自己的确认号 Ack 的值，随后客户端进入 ESTABLISHED 阶段，如图 1-143 所示。

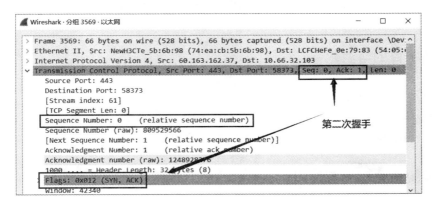

图 1-142　第二次握手示意图

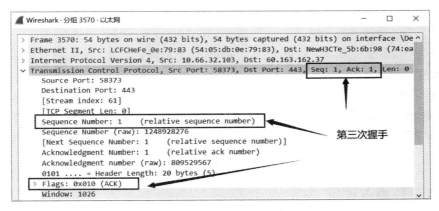

图 1-143　第三次握手示意图

至此，TCP 三次握手完成，TCP 三次握手完成后，因为访问的网站是基于 HTTPS 协议，因此就开始 SSL 的握手，即 3571 那个数据包，如图 1-144 所示。

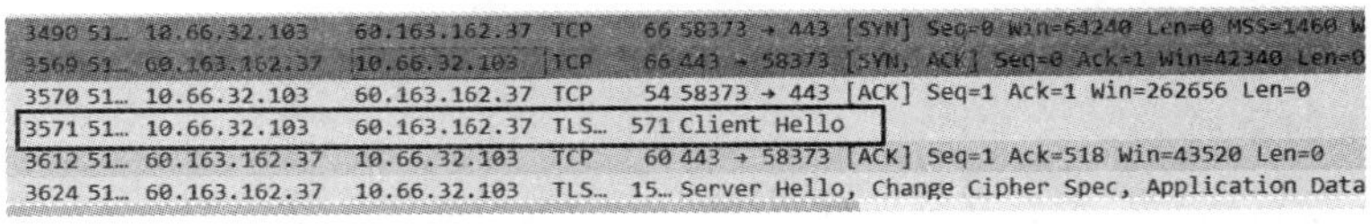

图 1-144　开始 SSL 握手

五、实验思考

1. TCP 连接建立过程中为什么需要"三次握手"？
2. 为什么释放连接要四次挥手？可以自己抓包分析四次挥手的过程。

实验 25　物联网基本操作

一、实验目的与要求

（1）初步了解物联网的概念。

（2）初步学会在 Packet Tracer 中使用 IoT 设备。

（3）学会 IoT 设备在 Packet Tracer 中的三种连接和控制方式。

二、实验相关理论与知识

物联网（Internet of Things，IoT）即"万物相连的互联网"，是在互联网基础上的延伸和扩展的网络，将各种信息传感设备与网络结合起来而形成的一个巨大网络，实现在任何时间、任何地点，人、机、物的互联互通。

物联网是一个基于互联网、传统电信网等的信息承载体，它让所有能够被独立寻址的普通物理对象形成互联互通的网络。

Cisco Packet Tracer 从 7.0 版本开始，支持模拟 IoT 设备，在 Cisco Packet Tracer 环境中，智能设备的控制有三种模式，包括直接控制、本地控制和远程控制，不同的设备控制方式可能不一样，有的智能设备可以通过这三种控制模式，有的设备有两种，有些设备只能通过直接控制的方式。

三、实验环境与设备

Cisco Packet Tracer 环境：2960 交换机一台；PC 主机一台；服务器一台；若干 IoT 设备。

四、实验内容与步骤

1. IoT 设备的添加

打开 Packet Tracer 模拟器，找到终端设备，在终端设备里，找到 Home（家庭），右边设备显示所有提供的各类家庭 IoT 设备，可根据需要添加 IoT 设备至工作台，如图 1-145 所示。在终端设备大类里，提供了 Home、Smart City、Industrial 和 Power Grid 四类终端，这四类终端设备全部为 IoT 设备，同样在 Components 大类里也提供很多 IoT 设备，包括 Boards、Actuators 和 Sensors。

2. IoT 智能设备的控制

大部分 IoT 智能设备可通过三种方式进行控制，包括 Direct Control、Local Control 和 Remote Control。

（1）Direct Control。这种方式为直接控制，通过按【Alt】键并单击即可控制设备，比如"开"和"关"，或者设备档次的更换。

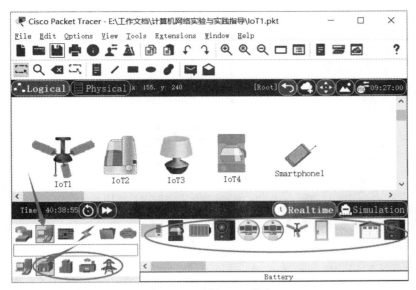

图 1-145　添加 IoT 设备

例如，在控制台添加一个加湿器，按【Alt】键并单击，设备的指示灯会亮，表示设备状态为 On；再单击一次，指示灯灭，表示设备状态为 Off，如图 1-146 所示。

（2）Local Control。这种控制方式为本地控制，即通过连接设备至 MCU/SBC/Thing 单元，再通过 CustomWrite API 来实现控制，图 1-147 为一种 Local Control 示意图。

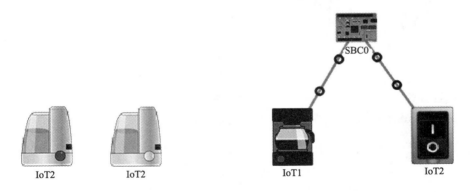

图 1-146　Direct Control 的加湿器的 On 和 Off 状态　　　　图 1-147　Local Control 示意图

（3）Remote Control。

Remote Control 的方式是通过网络将 IoT 设备连接，并将设备注册至 IoE 服务器。

在 Packet Tracer 中添加一台 2960 交换机，一台服务器，一个智能手机，一个风扇，一个台灯。在 Packet Tracer 8.0 版本，IoT 设备默认只有无线模块，没有有线模块，如需有线连接，需要配置有线模块。以台灯为例，单击打开其配置界面，找到 Physical，单击右下角的 Advanced，再单击上面的 I/O Config，为 Network Adapter 2 选择一块有线网卡，如 PT-IOT-NM-1CFE，此网卡含有一个 F0 接口，如图 1-148 所示。

计算机网络实验与实践指导

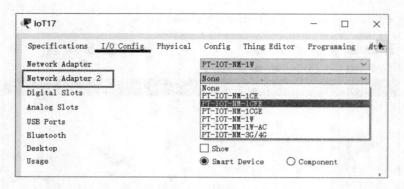

图 1-148　IoT 设备添加有线网卡示意图

以同样的方式添加风扇的有线网卡，然后将台灯、风扇、服务器和 PC 通过有线连接到交换机，如图 1-149 所示。

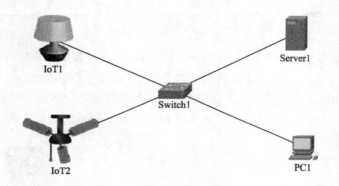

图 1-1-49　IoT 设备 Remote Control 示意图

配置服务器地址为 192.168.1.1/24，开启服务器的 DHCP 服务，配置 DHCP 地址池，起始地址为 192.168.1.100。开启服务器的 IoT 服务，如图 1-150 所示。

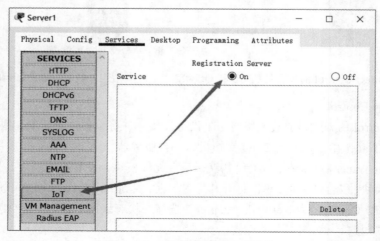

图 1-150　开启服务器 IoT 服务

设置风扇、台灯和 PC 为自动获取 IP 地址，确保三个设备都自动获取到了正确的地址，在 PC1 的桌面上找到 IoT Monitor 图标，如图 1-151 所示。

图 1-151　IoT Monitor

打开 IoT Monitor，因为此时还没有登录账号，需要在服务器上注册一个账号，单击 Sign up now 打开注册页面进行注册，如图 1-152 所示。

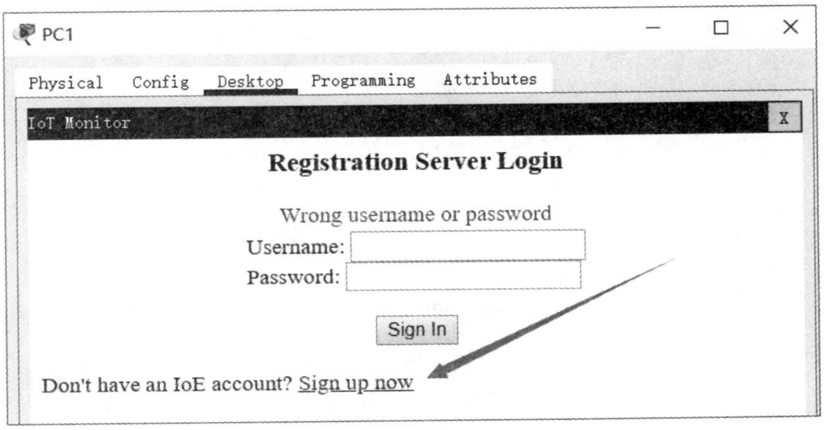

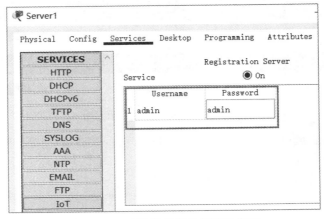

图 1-152　注册 IoE 服务器账号

自定义注册的用户名和密码，两个都可以设为 admin，注册完成后自动登录，此时服务器的 IoT 服务里会自动添加一个账号，如图 1-153 所示。

图 1-153　已注册的服务器账号密码

最后将两个 IoT 设备注册到服务器，依次打开设备的 IoT 配置窗口，单击 Settings，找到 IoT Server，选择 Remote Server，填入服务器地址、用户名和密码，单击 Connect 按钮即可注册成功，如图 1-154 所示。

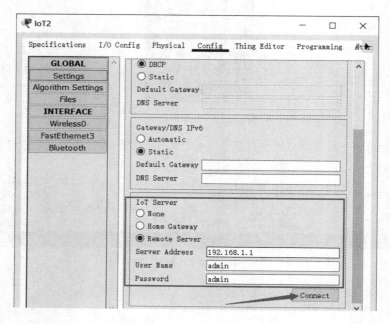

图 1-154　将 IoT 设备以 Remote Server 方式注册到 IoT Server

此时再打开 PC1 的 IoT Monitor，登录后，可以看到两个 IoT 设备的状态，可以对其进行控制，比如开或者关台灯，调节风扇的速度或者关风扇等，如图 1-155 所示。

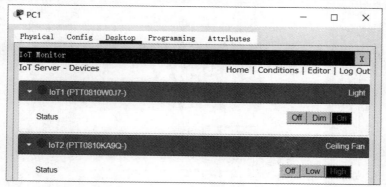

图 1-155　控制 IoT 设备示意图

当台灯状态为 On，风扇状态为 High 时，台灯处于开的状态，风扇处于转的状态，如图 1-156 所示。

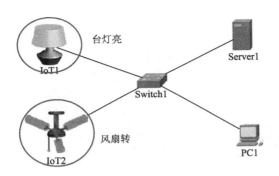

图 1-156 通过 IoT Monitor 控制设备后的状态示意图

五、实验思考

1. IoT 设备是否可以通过无线连接网络实现远程控制？
2. 控制端是否可以使用智能手机？

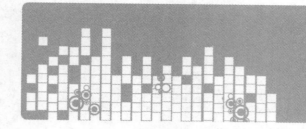

第 **二** 部分

综 合 实 践

实践 1　网络综合实践

一、实践目的与要求

（1）掌握 VLAN 的配置，包括跨 VLAN 配置 DHCP。

（2）掌握路由的配置。

（3）掌握 VPN、NAT 的配置。

（4）掌握帧中继网络的配置。

（5）掌握 DHCP、DNS、HTTP 和 FTP 等服务器的配置。

（6）掌握大型网络互联互通的配置。

（7）学会综合调试，提高解决大型网络故障的能力。

二、实践相关理论与知识

在进行网络系统设计时，全面考虑各种因素的影响是十分重要的。一个设计良好的网络，能适应环境的变化，并便于未来的升级。同时，设计良好的网络，能保证快速稳定运行。网络系统规划与网络系统设计两者相辅相成，缺一不可。为了使整个网络系统的建设更加合理、更经济、性能更好，应该遵循以下原则。

1. 先进性和成熟性

网络系统规划与设计要充分保证网络的先进性和成熟性。建立网络系统的目的是更好地解决用户的实际问题，因此要认真做好需求分析，网络系统规划要切合实际，既要保护现有软硬件的投资，又要充分考虑新投资的整体规划和设计。网络系统的先进性是设计人员首先要考虑的。它能使系统达到更高的目标，具有更强的功能和更好的使用性能，并能适应近期及中远期业务的需求。同时，为了保证网络建设的可靠性，尽可能采用成熟的组网技术。成熟的组网技术一般具备下列条件：一是有完整的标准；二是有相关的产品；三是产品已经稳定且价格较为合理。

2．安全性和可靠性

安全性和可靠性是网络系统规划与设计的重要原则之一。为了保证各项业务应用，网络必须具有高可靠性，尽量避免系统的单点故障，防止非法环路及广播风暴。在对网络结构、网络设备等进行高可靠性设计的基础上，采用先进的网络管理技术，实时采集并统计网络信息流量，监视网络运行状态，及时查找并排除故障。同时，采用必要的安全措施，如在局域网和广域网互联点上设置防火墙，在多层次上以多种方式实现安全性控制等，以抵御来自网络内部或外部的攻击。

3．开放性和可扩充性

为充分保证网络的发展和网络规模的扩大，网络系统应具有良好的开放性和可扩充性，以适应网络结点的增加、业务量的增长、网络距离的扩大及多媒体的应用。

4．可管理性和可维护性

计算机网络本身具有一定的复杂性，随着业务的不断发展，网络管理的任务必定会日趋繁重，所以在网络的设计中，必须建立一套全面的网络管理解决方案。网络设备应采用智能化、可管理的设备，同时采用先进的网络管理软件，对网络实行分布式管理。通过先进的管理策略、管理工具提高网络运行的可管理性和可靠性，简化网络的维护操作。

5．经济性和实用性

充分考虑资金投入能力，以较高的性价比构建网络系统。根据用户的应用需求，在满足系统性能以及考虑到在可预见期间内仍不失其先进性的前提下，尽量使整个系统投资合理且使用性强。网络设计不仅要考虑到近期目标，还要为系统的进一步发展和扩充留有余地。一般来说，网络的建设不可能一次完成，考虑其长远发展，必须进行统一规划和设计，并采用分步实施的建设策略。网络应用和服务在整个网络建设中占有重要的地位，这是因为只有应用和服务才是用户可直接受益的部分。

三、实践环境与设备

Cisco Packet Tracer 环境：2911 路由器五台；普通无线路由器一台；2960 交换机五台；普通 PC 十台；普通服务器五台；笔记本一台；PT-Cloud 一个；网络线缆若干。

四、实践内容与步骤

1．总体概况和要求

本次网络综合实践根据已学的知识和前面的单项实验，设计一个完整的综合网络，实现企业网络总部通过互联网与分公司网络相连。企业总部网络要求划分 VLAN，具备 HTTP、DHCP、DNS 和 FTP 服务，分公司网络不需要划分 VLAN，需配置无线。用帧中继网络模拟一个互联网环境，总部和分部均通过路由器与互联网连接，结合之前学过的网络知识和实践内容，完成网络规划和配置，最终实现企业内部互联互通，各种应用正常使用，企业总部、分公司与互联网连通，并能访问互联网上的 HTTP 服务，总公司服务器应通过静态 NAT 映射到公网地址上，实现在互联网上也可以访问该 HTTP 服务器。总部和分公司内网互联采用 GRE 隧道技术，实现内网互联互通。

2．具体要求

安装 Cisco Packet Tracer 模拟软件，并合理添加设备和线路，要求合理规划 IP 地址，公网 IP 需要用公网地址，局域网使用私有 IP 地址段，要求网络涉及 VLAN、NAT、路由和 VPN 等技术，要有 DHCP、HTTP、DNS、FTP 等应用，做好设备配置，并做连通性测试，测试要求尽量全面，并表达清楚从哪台设备上 Ping 或者浏览网站等情况，体现所设计网络的整体情况。总体拓扑如图 2-1 所示。

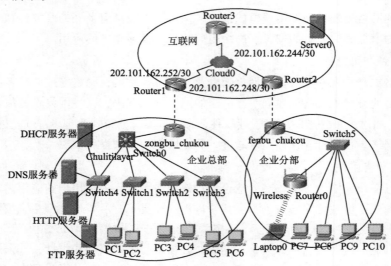

图 2-1　网络综合实践拓扑图

3．配置互联网部分网络

本次综合实践使用帧中继网络模拟一个互联网环境。添加三个 2911 Router，一个 Server 和一个 Cloud。在 R1、R2 和 R3 路由器上分别添加一个 HWIC-2T 模块，用于连接帧中继网络，分别将三个路由器的 S0/0/1 口连接到 Cloud 的 Serial1、Serial2 和 Serial3 口，将 R3 的 G0/0 连接到 Server 的 F0 口。

配置 R1：

```
interface Serial0/0/1
 encapsulation frame-relay
 clock rate 2000000
!
interface Serial0/0/1.1 point-to-point
 ip address 202.101.162.253 255.255.255.252
 frame-relay interface-dlci 103
 clock rate 2000000
!
interface Serial0/0/1.2 point-to-point
 ip address 202.101.162.249 255.255.255.252
 frame-relay interface-dlci 102
 clock rate 2000000
```

```
!
router rip
 network 202.101.162.0
!
```

配置 R2：

```
interface Serial0/0/1
 no ip address
 encapsulation frame-relay
 clock rate 2000000
!
interface Serial0/0/1.1 point-to-point
 ip address 202.101.162.250 255.255.255.252
 frame-relay interface-dlci 201
 clock rate 2000000
!
interface Serial0/0/1.2 point-to-point
 ip address 202.101.162.245 255.255.255.252
 frame-relay interface-dlci 203
 clock rate 2000000
!
router rip
 network 202.101.162.0
!
```

配置 R3：

```
interface GigabitEthernet0/0
 ip address 202.101.162.241 255.255.255.252
 duplex auto
 speed auto
!
interface GigabitEthernet0/1
 no ip address
 duplex auto
 speed auto
 shutdown
!
interface GigabitEthernet0/2
 no ip address
 duplex auto
 speed auto
 shutdown
!
interface Serial0/0/0
 no ip address
 clock rate 2000000
 shutdown
!
interface Serial0/0/1
 no ip address
 encapsulation frame-relay
 clock rate 2000000
```

```
!
interface Serial0/0/1.1 point-to-point
 ip address 202.101.162.254 255.255.255.252
 frame-relay interface-dlci 301
 clock rate 2000000
!
interface Serial0/0/1.2 point-to-point
 ip address 202.101.162.246 255.255.255.252
 frame-relay interface-dlci 302
 clock rate 2000000
!
interface Vlan1
 no ip address
 shutdown
!
router rip
 network 202.101.162.0
!
ip classless
!
```

配置帧中继云:

配置串口的 DLCI 号,选择串口 Serial1,在 DLCI 文本框输入路由器 S0/0/1 的两个子接口的 DLCI,分别为 102、103,name 分别为 1-2 和 1-3;选择串口 Serial2,在 DLCI 文本框输入路由器 S0/0/1 的两个子接口的 DLCI,分别为 201、203,name 分别为 2-1 和 2-3;选择 Serial3,在 DLCI 文本框输入路由器 S0/0/3 的两个子接口的 DLCI,分别为 301、302,name 分别为 3-1 和 3-2。

配置 Cloud 的 Frame Relay,将 Serial1、Serial2 和 Serial3 对应的子接口连接起来,如图 2-2 所示。

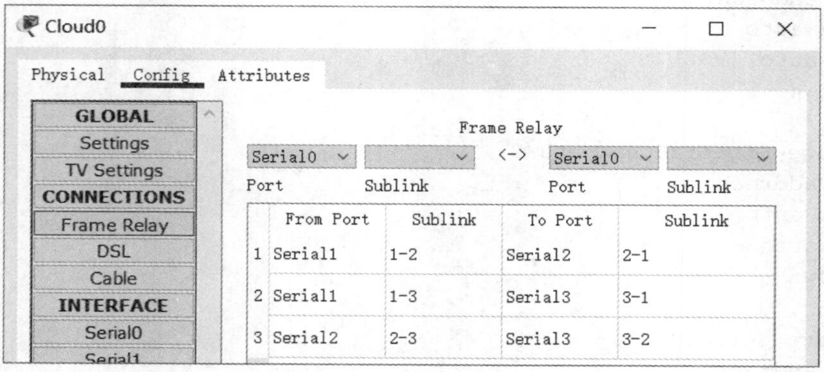

图 2-2 配置 Frame Relay

配置服务器 IP 参数,IP 地址为 202.101.162.242,子网掩码为 255.255.255.252,默认网关为 202.101.162.241,开启服务器的 DNS 服务,添加 www.abc.com 到 183.134.192.6 的 A 记录,添加 www.baidu.com 到自己 IP 的 A 记录,如图 2-3 所示。

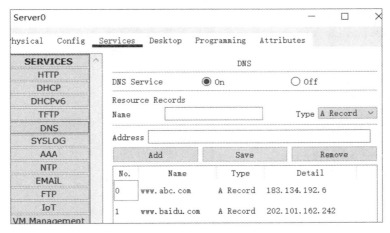

图 2-3　配置 DNS 服务器

最后进行验证配置。在路由器上 Ping 每个子接口的地址，确保都能 Ping 通，同时也应能 Ping 通服务器的地址。

4. 配置企业总部网

根据拓扑图，添加 2911 路由器一台，2960 交换机四台，普通 PC 六台，普通服务器四台，各设备根据拓扑图添加线缆，PC1 和 PC2 分别连接到 Switch1 的 F0/1 和 F0/2，Switch1 的 G0/1 上连三层交换机的 F0/1，PC3 和 PC4 分别连接到 Switch2 的 F0/1 和 F0/2，Switch2 的 G0/1 上连三层交换机的 F0/2，PC5 和 PC6 分别连接到 Switch3 的 F0/1 和 F0/2，Switch3 的 G0/1 上连三层交换机的 F0/3，DHCP、DNS、HTTP 以及 FTP 服务器分别连接到 Switch4 的 F0/1、F0/2、F0/3 和 F0/4，Switch4 的 G0/1 上连三层交换机的 F0/4，三层交换机的 G0/1 上连到总部出口路由器的 G0/0。

设置主机和服务器的 IP 地址、子网掩码和默认网关，地址表见表 2-1。

表 2-1　总部网络设备 IP 等参数表

设 备 名	端　　口	IP 地 址	网　　关	备　　注
PC1-PC6	F0			DHCP
DHCPserver	F0	192.168.40.2/24	192.168.40.1	—
DNSserver	F0	192.168.40.3/24	192.168.40.1	—
HTTPserver	F0	192.168.40.4/24	192.168.40.1	—
FTPserver	F0	192.168.40.5/24	192.168.40.1	—
zongbu_chukou	G0/1	192.168.50.1/24	—	—
	G0/0	183.134.192.2/29	—	—

设备和连线添加完毕，主机地址设置完后，开始配置交换机和路由器设备，并通过测试来验证配置是否正常。

（1）配置三层交换机，实现多 VLAN 通信。

配置 F0/1、F0/2、F0/3、F0/4 接口为 Trunk 模式。

```
interface FastEthernet0/1
```

```
   switchport trunk encapsulation dot1q
   switchport mode trunk
 !
interface FastEthernet0/2
   switchport trunk encapsulation dot1q
   switchport mode trunk
 !
interface FastEthernet0/3
   switchport trunk encapsulation dot1q
   switchport mode trunk
 !
interface FastEthernet0/4
   switchport trunk encapsulation dot1q
   switchport mode trunk
 !
```

配置 VLAN，实现销售部、技术部、生产部和服务器群分别为 VLAN10、VLAN20、VLAN30 和 VLAN40，并设置 VLAN 接口 IP 为 DHCP 中继地址。

```
interface Vlan10
   ip address 192.168.10.1 255.255.255.0
   ip helper-address 192.168.40.2
 !
interface Vlan20
   ip address 192.168.20.1 255.255.255.0
   ip helper-address 192.168.40.2
 !
interface Vlan30
   ip address 192.168.30.1 255.255.255.0
   ip helper-address 192.168.40.2
 !
interface Vlan40
   ip address 192.168.40.1 255.255.255.0
   ip helper-address 192.168.40.2
 !
```

（2）配置二层交换机。

实现下连口为 access，配置 access 的 VLAN，上连口为 trunk。以下代码仅列出 Switch1 的配置代码，其他交换机代码类似，VLAN 号不一样，分别为 20、30 和 40。

```
interface FastEthernet0/1
   switchport access vlan 10
   switchport mode access
 !
interface FastEthernet0/2
   switchport access vlan 10
   switchport mode access
 !
interface GigabitEthernet0/1
   switchport mode trunk
 !
```

（3）配置总部出口路由器。根据表 2-1 配置接口地址等参数，配置 NAT，配置默认网关，具体配置如下：

```
!
hostname zongbu_chukou
!
interface GigabitEthernet0/0
 ip address 183.134.192.2 255.255.255.248
 ip nat outside
 duplex auto
 speed auto
!
interface GigabitEthernet0/1
 ip address 192.168.50.1 255.255.255.0
 ip nat inside
 duplex auto
 speed auto
!
ip nat pool pool_Internet 183.134.192.3 183.134.192.5 netmask 255.255.255.248
ip nat inside source list 10 pool pool_Internet overload
ip nat inside source static 192.168.40.4 183.134.192.6
ip classless
ip route 0.0.0.0 0.0.0.0 183.134.192.1
!
access-list 10 permit 192.168.0.0 0.0.255.255
!
```

（4）配置各服务器。配置 DHCP 服务器，DHCP 服务器开启 DHCP 服务，配置四个地址池，如图 2-4 所示。

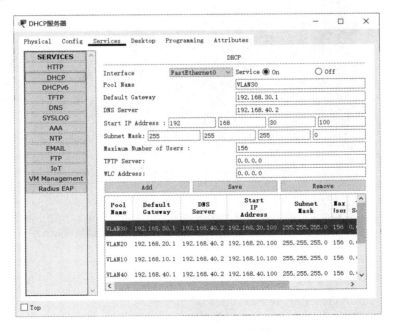

图 2-4　配置 DHCP 服务器

配置 DNS 服务器，开启 DNS 服务，并添加解析记录，如图 2-5 所示。

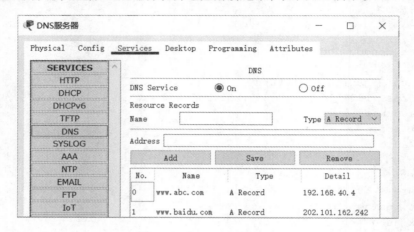

图 2-5　配置 DNS 服务器

HTTP 和 FTP 服务器添加后会自动开启服务，不需要进行配置。如需修改相关设置，可以找到相关服务配置页面进行修改。

（5）验证配置。在 PC 上检查是否自动获取到正确的 IP 地址，如果获取到正常的 IP 地址等参数后，在 PC 上 Ping www.baidu.com 和 www.abc.com，应该能解析到设置的 IP 地址，如图 2-6 所示。

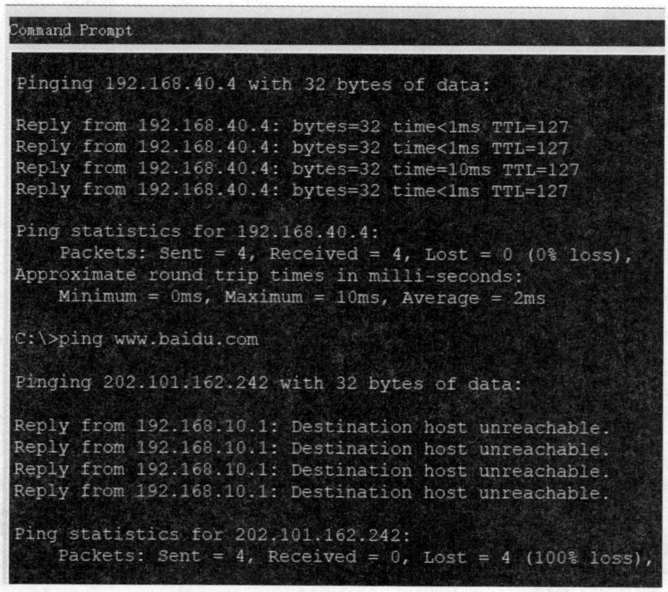

图 2-6　验证 DNS 解析

同时在 PC 上应该能用 Web 浏览器访问企业网站 http://www.abc.com，如图 2-7 所示。
在命令窗口应该能访问 FTP 服务器，如图 2-8 所示。

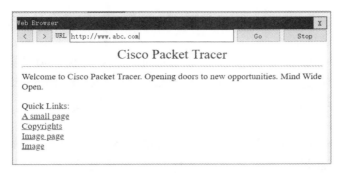

图 2-7 验证 HTTP 访问

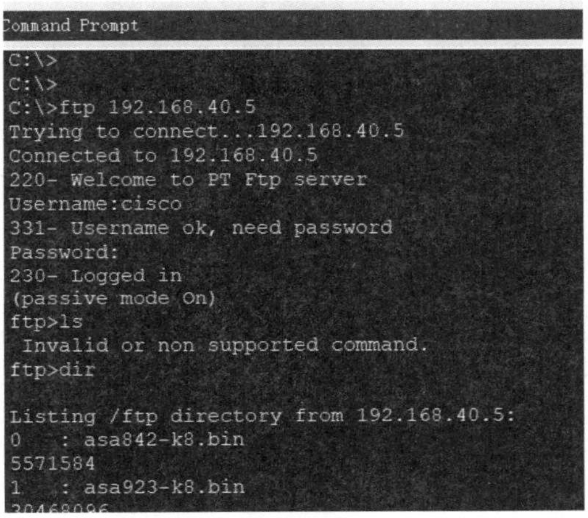

图 2-8 验证 FTP 访问

5．配置企业分部网络

根据拓扑图，添加 2911 路由器一台，普通无线路由器一台，2960 交换机一台，普通 PC 四台，笔记本计算机一台，各设备根据拓扑图添加线缆，笔记本计算机在断电情况下移除有线模块，并添加无线模块，通过无线连接到无线路由器，PC7、PC8、PC9 和 PC10 分别连接到 Switch5 的 F0/1、F0/2、F0/3 和 F0/4，无线路由器的 Internet 口连接到 Switch5 的 G0/2，Switch5 的 G0/1 上连 fenbu_chukou 路由器 G0/1，fenbu_chukou 路由器的 G0/0 上连帧中继网络的路由器 R2。

设置普通 PC 和笔记本计算机均通过 DHCP 获取地址，fenbu_chukou 路由器以及 R2 地址规划见表 2-2。

表 2-2 企业分布网络设备 IP 等参数表

设 备 名	端 口	IP 地 址	网 关
PC7–PC10	F0	DHCP	DHCP
Wireless Router0	Internet	DHCP	DHCP
fenbu_chukou	G0/0	115.236.14.2/29	115.236.14.1
	G0/1	192.168.1.1/24	115.236.14.1
R2	G0/0	115.236.14.1/29	—

设备和连线添加完毕，主机地址设置完后，开始配置交换机和路由器设备，并测试验证配置。

（1）配置主机和路由器。

分公司网络不需要划分 VLAN，配置 PC 和 Laptop，PC 机器全部设置为 DHCP 获取地址，无线部分应能从无线路由器上获取 IP 地址等参数，有线主机能从 fenbu_chukou 路由器上获取到 IP 地址等参数，Laptop 使用无线连接，需要关机移除有线模块，并添加 WPC300N 无线模块后开机，才能通过无线连接。

无线路由器 Internet 口设置为 DHCP，配置 Static DNS 地址为 202.101.162.242，其他设置可按默认设置，也可根据需要修改，包括 SSID 名字、安全加密参数以及其他设置。

配置 fenbu_chukou 路由器，按照 IP 等参数表配置其接口 G0/1 和 G0/0 的地址，配置默认路由，配置 NAT，代码如下所示。

```
!
ip dhcp excluded-address 192.168.1.1
!
ip dhcp pool net1
 network 192.168.1.0 255.255.255.0
 default-router 192.168.1.1
 dns-server 202.101.162.242
!
interface GigabitEthernet0/0
 ip address 115.236.14.2 255.255.255.248
 ip nat outside
 duplex auto
 speed auto
!
interface GigabitEthernet0/1
 ip address 192.168.1.1 255.255.255.0
 ip helper-address 192.168.1.1
 ip nat inside
 duplex auto
 speed auto
!
interface GigabitEthernet0/2
 no ip address
 duplex auto
 speed auto
 shutdown
!
ip nat pool pool_Internet 115.236.14.3 115.236.14.5 netmask 255.255.255.248
ip nat inside source list 10 pool pool_Internet overload
ip classless
ip route 0.0.0.0 0.0.0.0 115.236.14.1
!
access-list 10 permit 192.168.0.0 0.0.255.255
!
```

（2）验证配置。

在 PC 上检查 IP 等参数是否正常获取，检查 Laptop 是否连接无线，是否获取到 IP 等参数，从 PC 上 Ping 115.236.14.2，正常应该能 Ping 通，如图 2-9 所示。

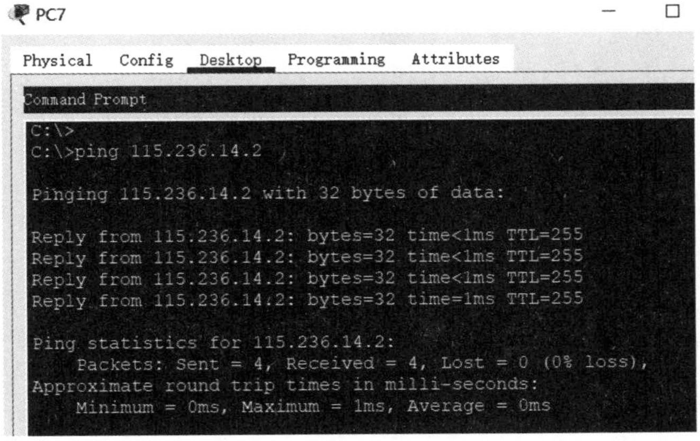

```
PC7                                          —   □
Physical  Config  Desktop  Programming  Attributes

Command Prompt

C:\>
C:\>ping 115.236.14.2

Pinging 115.236.14.2 with 32 bytes of data:

Reply from 115.236.14.2: bytes=32 time<1ms TTL=255
Reply from 115.236.14.2: bytes=32 time<1ms TTL=255
Reply from 115.236.14.2: bytes=32 time<1ms TTL=255
Reply from 115.236.14.2: bytes=32 time=1ms TTL=255

Ping statistics for 115.236.14.2:
    Packets: Sent = 4, Received = 4, Lost = 0 (0% loss),
Approximate round trip times in milli-seconds:
    Minimum = 0ms, Maximum = 1ms, Average = 0ms
```

图 2-9　从 PC 上 Ping 出口路由接口地址

6．网络互联

（1）企业总部网络连接互联网。

用直通线连接三层交换机的 G0/1 和总部出口路由的 G0/1，出口路由器的 G0/0 连接帧中继网络 R1 的 G0/0，配置三层交换机，添加 VLAN50，设置 VLAN50 接口地址为 192.168.50.2/24，开启 ip routing，配置默认路由指向 192.168.50.1，具体代码如下：

```
!
interface GigabitEthernet0/1
 switchport access vlan 50
 switchport mode access
 switchport nonegotiate
!
interface Vlan50
 mac-address 0001.6465.6c05
 ip address 192.168.50.2 255.255.255.0
!
ip route 0.0.0.0 0.0.0.0 192.168.50.1
!
ip routing
```

配置出口路由器，连接内网和外网，实现 NAT 功能。首先配置 G0/1 口的 IP 地址为 192.168.50.1/24，G0/0 口的 IP 地址为 183.134.192.2/29，然后配置 NAT 功能，最后配置路由，具体代码如下：

```
!
interface GigabitEthernet0/0
 ip address 183.134.192.2 255.255.255.248
 ip nat outside
 duplex auto
 speed auto
!
interface GigabitEthernet0/1
 ip address 192.168.50.1 255.255.255.0
```

```
 ip nat inside
 duplex auto
 speed auto
!
ip nat pool pool_Internet 183.134.192.3 183.134.192.5 netmask 255.255.255.248
ip nat inside source list 10 pool pool_Internet overload
ip classless
ip route 0.0.0.0 0.0.0.0 183.134.192.1
ip route 192.168.0.0 255.255.255.0 192.168.50.2
!
access-list 10 permit 192.168.0.0 0.0.255.255
!
```

最后添加帧中继 R1 到总部出口路由器的路由，具体命令如下：

```
!
router rip
 network 183.134.0.0
```

最后进行验证，在总部网络的 PC 上使用 Web 浏览器访问 www.baidu.com，正常应该通过 dns 解析到 202.101.162.242 的地址，从而能访问该网站，如图 2-10 所示。

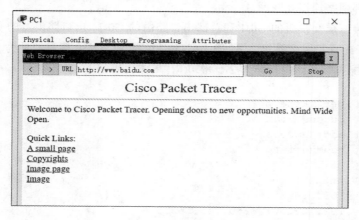

图 2-10　在总部 PC 上验证 DNS 服务器解析

同时，在总部出口路由上通过 show ip nat translations 命令可以查看到从 PC1 访问 DNS 地址的 NAT 转换记录，如图 2-11 所示。

```
zongbu_chukou#show ip nat translations
Pro  Inside global      Inside local      Outside local      Outside global
tcp 183.134.192.3:1027 192.168.10.101:1027202.101.162.242:80 202.101.162.242:80
tcp 183.134.192.3:1028 192.168.10.101:1028202.101.162.242:80 202.101.162.242:80
```

图 2-11　查看 NAT 转化记录

（2）分公司网络连接互联网。

配置帧中继网络 R2 路由器的 G0/0 地址为 115.236.14.1/29，启用端口，添加 RIP 协议网络地址 115.236.14.0。

最后进行验证，在 PC7 上 Ping www.baidu.com，正常应该能 Ping 通，如图 2-12 所示。

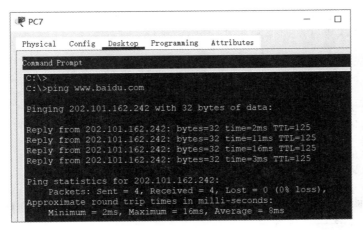

图 2-12　从分部网络 PC 上 Ping 总部 HTTP 服务器

在 PC7 上访问 www.abc.com，正常应该能访问，如图 2-13 所示。

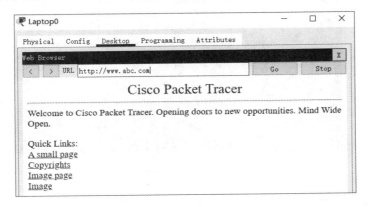

图 2-13　从分部网络 PC 上访问总部 HTTP 服务器

（3）总部内网和分公司内网通过 VPN 互联。

本次总部和分公司内网互联采用 GRE 隧道技术，分别在 zongbu_chukou 和 fenbu_chukou 两个路由器上配置隧道接口，指定接口地址分别为 100.1.1.1 和 100.1.1.2，指定承载隧道的源和目的接口，配置 RIP 路由协议，同时为私有网络地址段指出路由走 tunnel 接口，具体配置如下：

zongbu_chukou 路由配置：

```
!
interface Tunnel0
 ip address 100.1.1.1 255.255.255.0
 mtu 1476
 tunnel source GigabitEthernet0/0
 tunnel destination 115.236.14.2
!
ip route 192.168.1.0 255.255.255.0 100.1.1.2
!
```

fenbu_chukou 路由配置：

```
!
```

```
interface Tunnel0
 ip address 100.1.1.2 255.255.255.0
 mtu 1476
 tunnel source GigabitEthernet0/0
 tunnel destination 183.134.192.2
!
ip route 192.168.10.0 255.255.255.0 100.1.1.1
ip route 192.168.20.0 255.255.255.0 100.1.1.1
ip route 192.168.30.0 255.255.255.0 100.1.1.1
ip route 192.168.40.0 255.255.255.0 100.1.1.1
ip route 192.168.50.0 255.255.255.0 100.1.1.1
!
```

然后进行验证，从 PC1 主机上 Ping PC7，正常应该能 Ping 通，如图 2-14 所示。

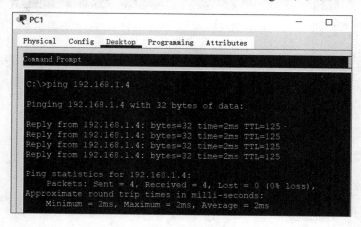

图 2-14　验证分部网络和总部网络 VPN 隧道是否正常

最后修改分公司主机的 DNS 地址为企业总部内网 DNS 地址 192.168.40.3，正常应该能访问总公司内部网站。

7. 总结

本次网络综合实践设计和实现了一个大型企业网络，各部分网络设计合理，内容全面，且符合网络设计的原则。通过测试，各项功能正常运行。

五、实践思考

1. 企业总部网络划分了 VLAN，为什么不同 VLAN 下的主机都能从 VLAN10 下面的 DHCP 服务器上获取到 IP 地址等参数？

2. 企业总部网络的 HTTP 服务器地址为内网私有地址，为什么从外面能访问该 HTTP 服务器？

3. 除了本实践用到的 GRE 隧道技术，实现分公司访问总公司内网的 VPN 技术一般还有哪些？尝试通过其他 VPN 技术进行配置。

实践 2　虚拟化数据中心综合实践

一、实践目的与要求

（1）学会 VMware Workstation 软件的安装。
（2）学会利用 VMware Workstation 安装虚拟机系统。
（3）学会 VMware vSphere 相关组件的安装。
（4）学会利用 VMware ESXi 安装虚拟机系统。
（5）了解 vSphere 数据中心的运维和管理。

二、实践相关理论与知识

SDDC（Software Defined Data Center，软件定义的数据中心）是对数据中心所有的物理、硬件的资源进行虚拟化、软件化的一种技术。

软件定义的数据中心将成为数据中心演进的一个新的方向和趋势。

SDDC 依赖虚拟化和云计算技术，SDDC 的目标是虚拟化数据中心的一切物理资源，通过虚拟化技术，构建一个由虚拟资源组成的资源池，不仅是对服务器进行虚拟化，还包括存储虚拟化和网络虚拟化等。不仅可以简化服务器更改、存储更改、网络配置的难度，更使得对服务器、存储、网络的管理和配置操作具备可重复性和持续性。

SDDC 使硬件资源可以通过软件进行配置和调度，提高了灵活性和敏捷性，带来的一个显著优势就是大大降低了数据中心的成本。通过 SDDC 提供的集中式的软件管理层，管理变得更简单。同时 SDDC 让软件来管理网络，让网络成为数据中心的一部分，专有的网络可以大幅提高硬件的效率。

为什么衍生出 SDDC 的概念？首先，因为现在各种云生态的出现，从底层主机、操作系统、网络，到后端存储都需要更快速，更方便地生成到应用发布上线。例如，要发布一个 HTTP 对外提供服务，如果从原来基础的架构，需要购买物理的服务器、交换机、路由器、防火墙等物理设备，还需要做很多配置，比如服务器接入到交换机、IP 的配置、防火墙的配置到后端存储资源的分配等一系列操作，这个时间按最少的也要 10 小时。但是，如果去一些公有云购买一台服务器和公网服务，从账号注册到业务部署这个阶段几分钟就可以完成。

SDDC 重新定义了数据中心的体系结构和运维模式，可促使 IT 完成到混合云的转型，使其最大限度地发挥自身优势。在 SDDC 中，计算、存储和网络连接服务与底层硬件基础架构分离，抽象化到可以更加灵活调配和管理的资源逻辑池中。

软件定义的数据中心，将成为数据中心演进的一个新的方向和趋势。VMware 通过支持客户灵活地在本地运行其私有云，或通过公有云合作伙伴将其作为服务使用，使客户能够利用共同的基础：跨私有云和公有云提供一致运维模式，并使用现有的技能组合和流程进行管理。VMware Cloud Foundation 是 VMware 全新推出的适用于私有云和公有云的一体化 SDDC 平台。

VMware Cloud Foundation 将计算、存储和网络虚拟化整合到一个原生集成的体系中，该体系可以在本地部署，也可以作为公有云中的服务运行。Cloud Foundation 将 VMware 高度可扩展的超融合软件（由 vSphere 和 Virtual SAN 组成）与 NSX 的网络管理效率相结合，可提供企业就绪型云计算基础架构。由于 HCI 能够以更低的成本提供更出色的弹性、简便性和性能，很快成为 SDDC 的理想构造块。但是，Cloud Foundation 的独特之处在于不仅能够融合计算和存储（与市场中任何其他 HCI 解决方案的功能相同），还能够使用模块化 x86 服务器和标准架顶式交换机直接通过 hypervisor 实现 NSX 的网络虚拟化。以下是 VMware 各个组件的详细介绍。

VMware Workstation 是普通 PC 的虚拟化平台，可以实现在一台机器上同时运行两个或更多 Windows、DOS、Linux、Mac 系统等。与"多启动"系统相比，VMware 采用了完全不同的概念。多启动系统在一个时刻只能运行一个系统，在系统切换时需要重新启动机器。VMware 是真正"同时"运行多个操作系统在主系统的平台上，就像标准 Windows 应用程序那样切换。而且每个操作系统都可以进行虚拟的分区、配置而不影响真实硬盘的数据，甚至可以通过网卡将几台虚拟机连接为一个局域网，

在一台服务器上运行多个应用能够提高服务器效率，并减少需要管理和维护的服务器数量。当工作负载提高时，可以迅速创建更多虚拟机，从而无须增加物理服务器即可灵活地响应不断变化的需求。而且，利用 VMware 技术，IT 管理员可以在服务器之间移动正在运行的虚拟机，同时保持服务器持续可用。

VMware vSphere 不是特定的产品或软件，而是整个 VMware 套件的商业名称。VMware vSphere 堆栈包括虚拟化、管理和界面层。VMware vSphere 的两个核心组件是 ESXi 服务器和 vCenter Server。ESXi 是 hypervsior，可以在其中创建和运行虚拟机和虚拟设备。vCenter Server 是用于管理网络中连接的多个 ESXi 主机和池资源的服务。VMware vSphere 是 VMware 的企业级虚拟化平台，可将数据中心转换为包括 CPU、存储和网络资源的聚合计算基础架构。vSphere 将这些基础架构作为一个统一的运行环境进行管理，并提供工具来管理加入该环境的数据中心设施。图 2-15 为 VMware vSphere 数据中心架构示意图。vSphere 客户端连接和操作 vCenter 服务器，vCenter 管理 ESXi 主机，ESXi 主机上安装各种 VM 虚拟机。所有的虚拟机和 ESXi 主机通过 vCenter 组成一个集群，从而实现整合 CPU、存储和网络资源的数据中心。

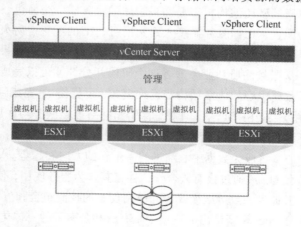

图 2-15　VMware vSphere 数据中心架构示意图

VMware ESXi 是 VMware 的裸机虚拟机管理程序。VMware ESXi 是以 ISO 形式提供的软件,可直接安装在物理硬件上,如 Windows 或 Linux 操作系统。ESXi 安装占用空间小,甚至可以在 USB pendrive 上安装。VMWare ESXi 允许在其中创建多个虚拟机,在单个物理硬件中运行多个操作系统,如 Windows、Linux、Solaris、macOS 等。在虚拟机之上运行工作负载,从而可以整合多个物理硬件,从而将工作负载运行到更少的物理硬件中。

VMware vSAN 是一款软件定义的企业存储解决方案,支持超融合基础架构(Hyper-Converged Infrastructure,HCI)系统。vSAN 与 VMware vSphere 完全集成在一起,作为 ESXi 管理程序内的分布式软件层。

vSAN 可聚合本地数据存储设备或直接连接的数据存储设备,以创建在 vSAN 群集中的所有主机之间共享的单个存储池。混合 vSAN 群集将闪存设备用于缓存层,并且将磁盘驱动器用于容量层。全闪存 vSAN 群集将闪存设备用于缓存层和容量层。此架构可创建用于软件定义数据中心(Software-Define Data Center,SDDC),且经过闪存优化的弹性共享数据存储。

vSAN 无须外部共享存储,并且通过基于存储策略的管理(Storage Policy-Based Management,SPBM)简化了存储配置。使用虚拟机(Virtual Machine,VM)存储策略,可以定义存储要求和容量。vSAN 架构示意图如图 2-16 所示。

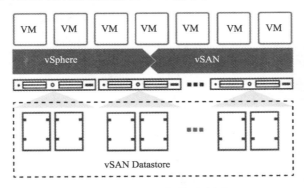

图 2-16 vSAN 架构示意图

VMware NSX 是 VMware 的网络虚拟化平台,它可以过滤任何在超级管理器中来往的流量。这个功能适合创建零信任安全。VMware 使用 NSX 分布式防火墙的可扩展性,在独立的主机之上的虚拟机之间创建了零信任安全。这个安全策略也可以在同一逻辑的 Layer2 广播网络上的主机之间创建。VMware 的方法抽象了物理的零信任安全,同时使用分布式的基于超级管理器属性的网络覆盖。管理员可以在一个集中的关系系统中创建规则,而且强制跨分布式防火墙设备。最终实现集中管理的解决方案,每个超级管理程序可以扩展到几十吉比特/秒。

在基于 vSphere 的软件定义数据中心中,各个虚机的网络都连接在 Hypervisor 所提供的一个虚拟交换机上,这个交换机是横跨整个 vSphere 集群的各个物理服务器的,所以称之为分布式交换机(Distributed Switch)。所有虚拟机的网络通信都是通过这个虚拟交换机来实现的,分布式交换机负责把数据包通过底层的物理网络转发到应该去的目的地址。

三、实践环境与设备

真实 PC 主机一台：安装 VMware 虚拟化软件。

四、实践内容与步骤

1．VMware Workstation 实践

打开软件安装程序，本次使用 VMware Workstation 16 Pro 版本，单击"下一步"按钮进行 VMware 的安装，如图 2-17 所示。

勾选接受许可协议，单击"下一步"按钮，如图 2-18 所示。

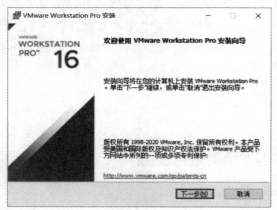

图 2-17　开始 VMware Workstation 安装

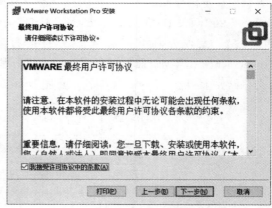

图 2-18　接受安装协议

选择安装目录，取消勾选下面两个复选框，如图 2-19 所示，单击"下一步"按钮。

出现用户体验设置，也可以取消勾选这两个复选框，如图 2-20 所示，单击"下一步"按钮。

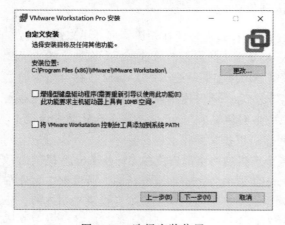

图 2-19　选择安装位置

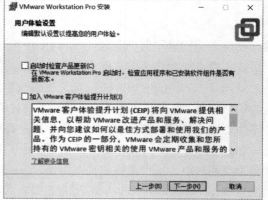

图 2-20　用户体验设置

根据需要选择是否创建软件的桌面快捷方式和开始菜单快捷方式，如图 2-21 所示，单击"下一步"按钮。

完成设置，如需修改，单击"上一步"按钮返回修改，如图 2-22 所示，如没问题，单击"安装"按钮开始安装。

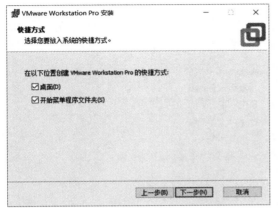

图 2-21　选择是否创建桌面和开始菜单快捷方式

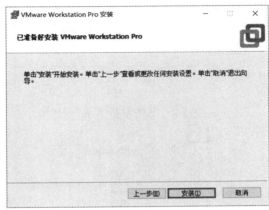

图 2-22　确认安装

开始安装软件，待一定时间后，软件安装完成，如图 2-23 所示，单击"完成"按钮，完成安装。

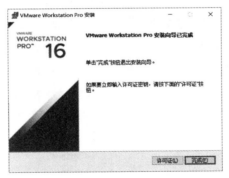

图 2-23　完成安装

完成后打开软件，如有许可证密钥，可以填入许可证密钥，如果没有，可以单击"试用"按钮打开软件。VMware Workstation 软件界面如图 2-24 所示。

图 2-24　VMware Workstation 软件界面

2．使用 VMware Workstation 安装 CentOS7 操作系统

打开 VMware Workstation 软件，在左边空白区域右击，选择"新建虚拟机"命令，打开图 2-25 所示对话框。

选择"自定义（高级）"单选按钮，单击"下一步"按钮，显示虚拟机硬件兼容性信息，直接单击"下一步"按钮，出现"安装客户机操作系统"对话框，如图 2-26 所示。

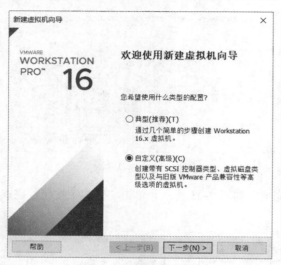

图 2-25　新建虚拟机

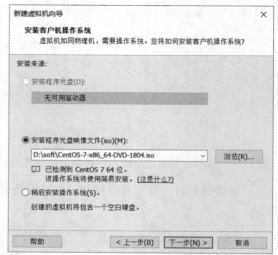

图 2-26　安装客户机操作系统

选择"安装程序光盘映像文件(iso)"单选按钮，并浏览找到操作系统的 ISO 镜像文件，单击"下一步"按钮，出现安装 CentOS 的简易安装信息，如图 2-27 所示。

填入相关信息后，单击"下一步"按钮，需选择虚拟机文件安装位置，如图 2-28 所示。

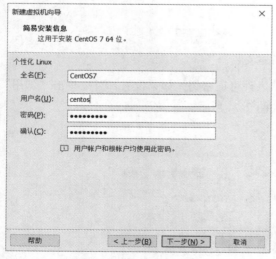

图 2-27　简易安装信息

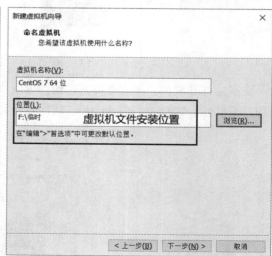

图 2-28　选择虚拟机文件安装位置

单击"下一步"按钮，出现"处理器配置"对话框，如图 2-29 所示，选择合适数量的处理器。

单击"下一步"按钮，出现"此虚拟机的内存"对话框，如图 2-30 所示，选择合适的内存大小。

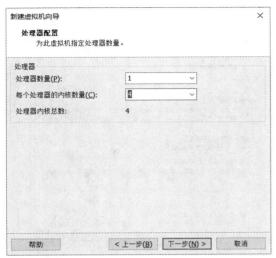

图 2-29 选择处理器数量

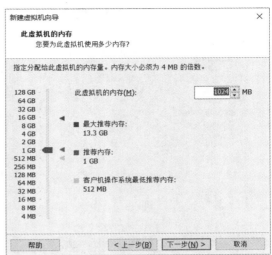

图 2-30 选择虚拟机内存大小

单击"下一步"按钮，出现"网络类型"对话框，如图 2-31 所示，选择需要的网络类型。

单击"下一步"按钮，出现"选择 I/O 控制器类型"对话框，如图 2-32 所示。

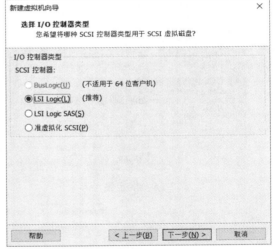

图 2-31 选择网络类型   图 2-32 选择 I/O 控制器类型

单击"下一步"按钮，出现"选择磁盘类型"对话框，如图 2-33 所示，选择推荐的 SCSI 即可。

单击"下一步"按钮，出现"选择磁盘"对话框，如图 2-34 所示，一般新建虚拟机，选择"创建新虚拟磁盘"单选按钮。单击"下一步"按钮，出现"指定磁盘大小"对话框，如图 2-35 所示，填入给系统分配的磁盘容量。

单击"下一步"按钮，出现"指定磁盘文件"对话框，如图 2-36 所示，可使用默认名字，如需修改文件位置，单击"浏览"按钮进行修改。

单击"下一步"按钮，出现"已准备好创建虚拟机"对话框，如图 2-37 所示，如需修改，可单击"自定义硬件"按钮进行修改。

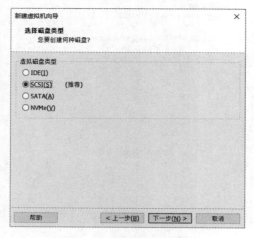

图 2-33　选择磁盘类型

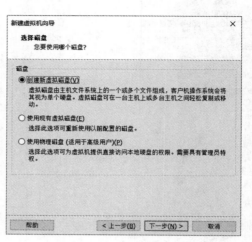

图 2-34　选择磁盘

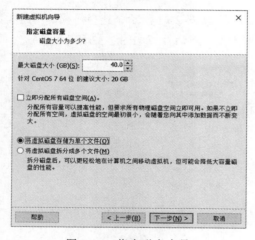

图 2-35　指定磁盘容量

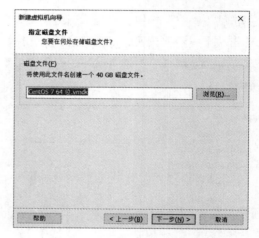

图 2-36　指定磁盘文件

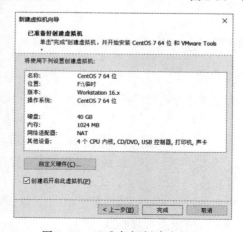

图 2-37　已准备好创建虚拟机

单击"完成"按钮开始创建虚拟机。完成后，会自动打开虚拟机电源，如图 2-38 所示。

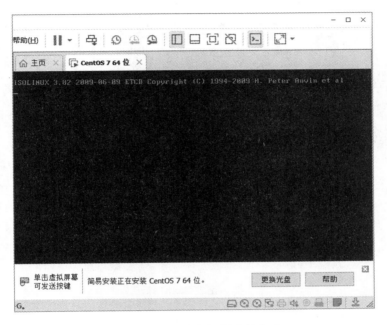

图 2-38　完成虚拟机创建并启动

启动虚拟机后，立即开始 CentOS7 的安装，如图 2-39 所示。

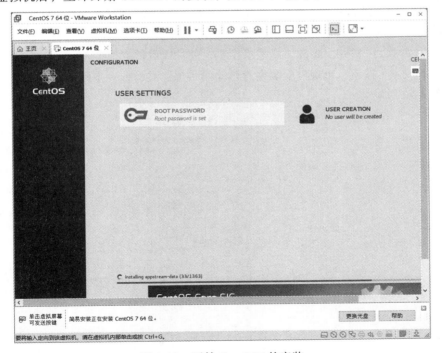

图 2-39　开始 CentOS7 的安装

安装中间无须干预，自动会完成安装，安装完成后如图 2-40 所示。

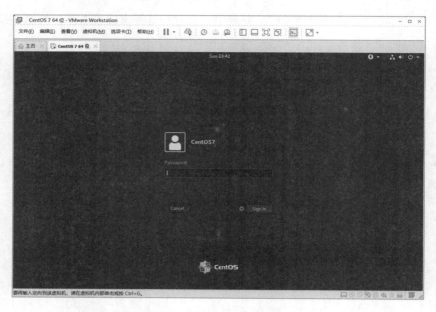

图 2-40　完成 CentOS7 安装

3．VMware vSphere 实践

（1）ESXi 安装。

ESXi 安装可以直接安装在支持 ESXi 安装的物理硬件上，如果没有可以安装的硬件，也可以利用 VMware Workstation 安装 ESXi。此处以 VMware Workstation 演示安装 ESXi7.0.2 的过程，实体机安装 ESXi 无须新建虚拟机步骤，其他步骤类同。

首先打开 VMware Workstation，新建虚拟机，硬件兼容性选择 ESXi 7.0，如图 2-41 所示。

单击"下一步"按钮，出现"安装客户机操作系统"对话框，选择 ESXi 7.0.2 的安装光盘镜像，如图 2-42 所示。

图 2-41　选择硬件兼容性为 ESXi 7.0

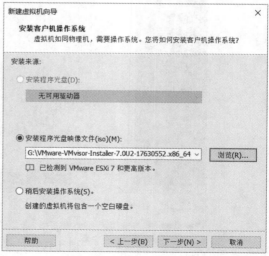

图 2-42　选择客户机操作系统安装镜像文件

单击"下一步"按钮，出现"选择客户机操作系统"对话框，选择操作系统为 VMware ESX，版本为"VMware ESXi7 和更高版本"，如图 2-43 所示。

单击"下一步"按钮，出现"命名虚拟机"对话框，命名虚拟机并选择虚拟机文件存放位置，如图 2-44 所示。之后的其他步骤与之前新建 CentOS 虚拟机类似，相关配置可以根据情况更改。

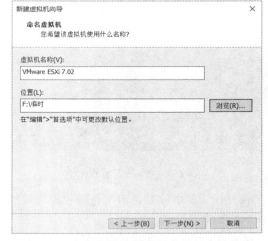

图 2-43　选择客户机操作系统　　　　　图 2-44　命名虚拟机并选择虚拟机存放位置

单击"下一步"按钮，完成虚拟机的新建，虚拟机建好后，开启此虚拟机，此时开始 ESXi 7.0 的安装，如图 2-45 所示。

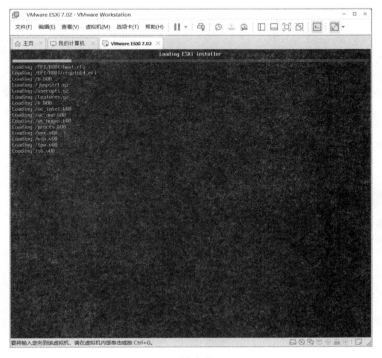

图 2-45　开始安装 ESXi 7.0

安装过程出现图 2-46 所示的确认安装提示，按【Enter】键确认开始安装。

确认后出现协议确认对话框，如图 2-47 所示，按【F11】键接受协议并继续安装。

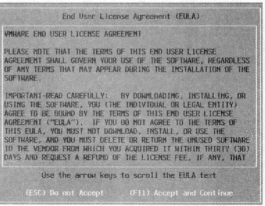

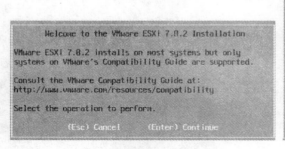

图 2-46　确认安装提示　　　　　　　　图 2-47　接受安装协议

接受协议并继续后，出现密码设置对话框，如图 2-48 所示，输入两遍同样的密码，并按【Enter】继续。

确认后出现磁盘选择对话框，安装程序会找到本机所带的磁盘，如图 2-49 所示。

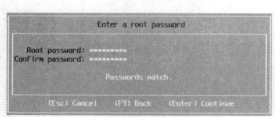

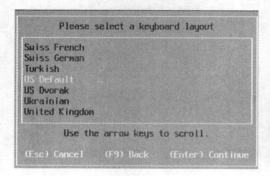

图 2-48　输入密码　　　　　　　　　　图 2-49　选择磁盘

选择键盘样式，如图 2-50 所示，选择默认即可。

确认安装，如图 2-51 所示，按【F11】键确认开始安装 ESXi 7.0.2。

图 2-50　选择键盘样式　　　　　　　　图 2-51　确认安装

确认后等待一段时间后便完成安装，如图 2-52 所示。此时按【Enter】键，系统重新启动。

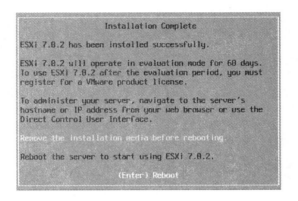

图 2-52　完成安装

重启后，会启动已安装好的 ESXi 7.0.2，启动完成界面如图 2-53 所示。

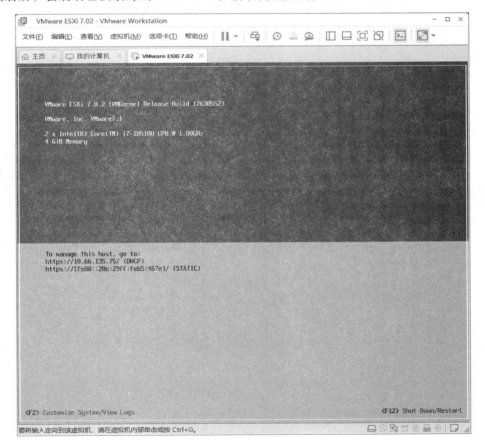

图 2-53　ESXi 7.0.2 启动完成界面

此时系统 ESXi 系统安装完成，界面上显示主机的管理 IP 地址，可按【F2】键修改该地址，也可以修改密码以及其他配置。

　　通过浏览器即可对 ESXi 主机进行管理，打开"https://IP 地址"，输入用户名（root）和之前设置的密码登录，登录后界面如图 2-54 所示。

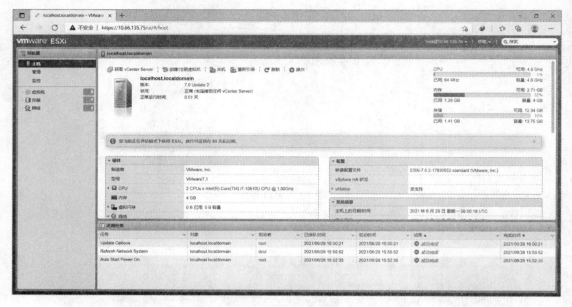

图 2-54　通过浏览器管理 ESXi 主机

　　在管理界面上可以新建虚拟机，新建虚拟机以及安装操作系统的步骤与 Workstation 创建虚拟机类同。同时在管理界面可以对硬件资源进行查看和管理。

　　（2）vCenter 安装。

　　打开 vCenter 的镜像文件 VMware-VCSA-all-7.0.2-17694817.iso，在\vcsa-ui-installer\win32下找到 installer.exe，如图 2-55 所示。

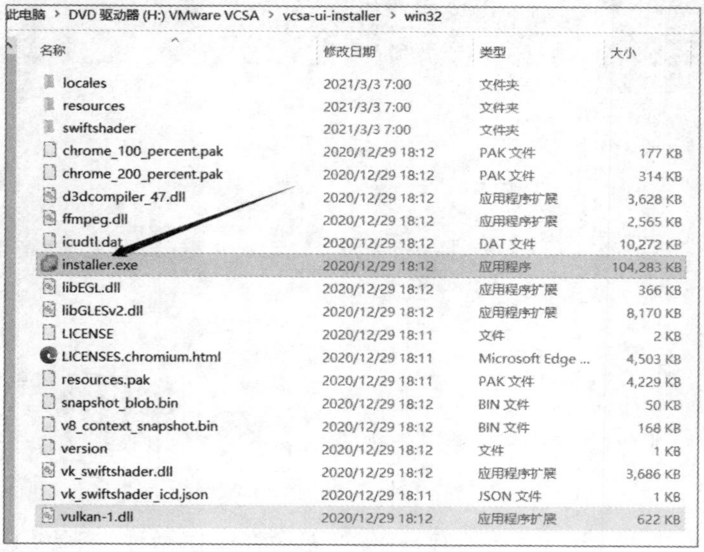

图 2-55　找到 vCenter 安装的可执行文件

双击 installer.exe 打开图 2-56 所示的安装界面，单击第一个 Install，开始安装。

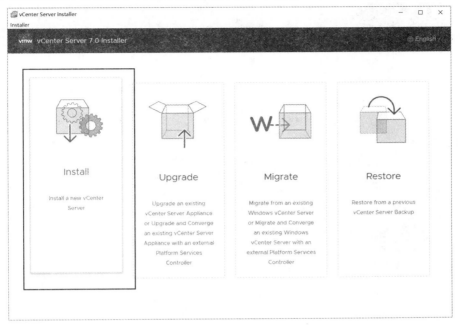

图 2-56　单击 Install 开始安装

出现介绍对话框，如图 2-57 所示，单击"下一步"按钮。

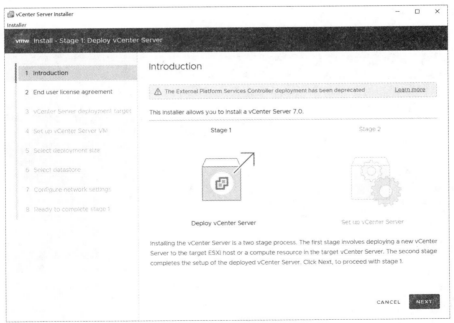

图 2-57　介绍对话框

出现协议确认对话框，勾选接受协议复选框，如图 2-58 所示，单击"下一步"按钮。

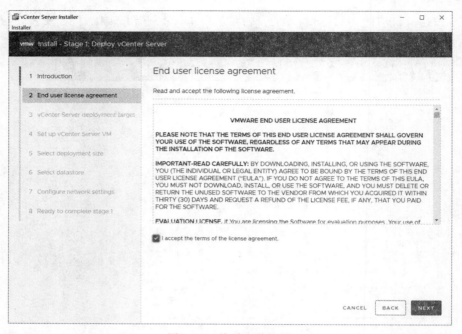

图 2-58　接受安装协议

出现 vCenter 部署位置对话框，如图 2-59 所示。vCenter 需要作为一个虚拟机安装在一台 ESXi 主机上，因此需要填入 ESXi 的地址、端口、用户名和密码，本次 vCenter 基于一台实体 ESXi 主机安装，ESXi 主机地址为 10.66.1.18，设置后单击"下一步"按钮。

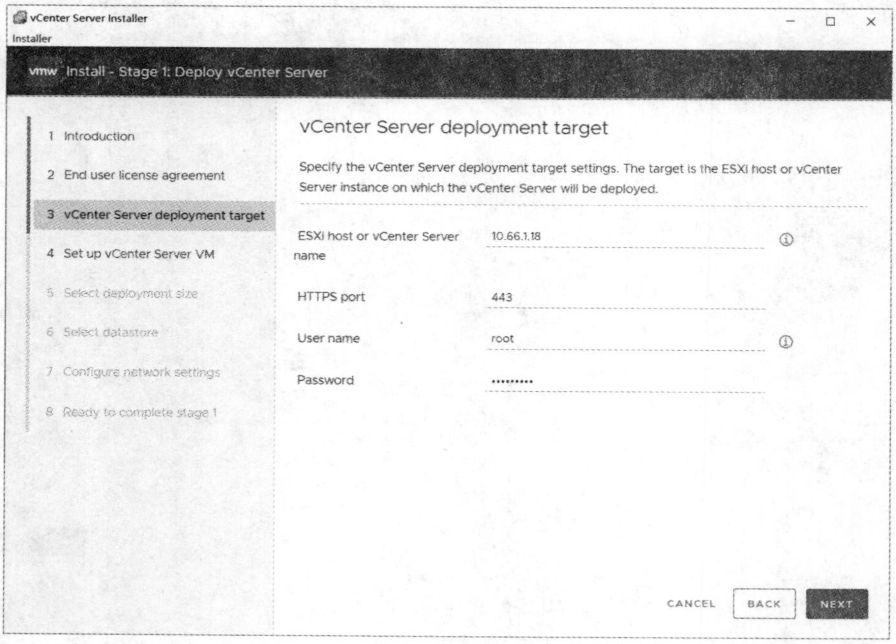

图 2-59　填入 vCenter 部署到 ESXi 主机的信息

出现 Certificate 信息确认对话框，如图 2-60 所示，接受即可，单击 YES 按钮。

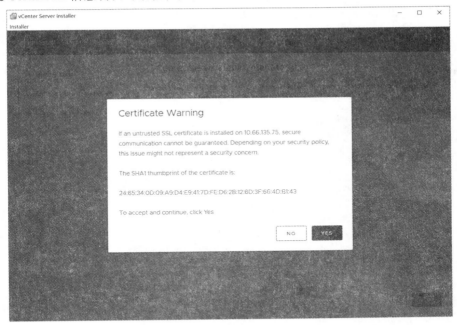

图 2-60　接受 Certificate 信息

出现设置 vCenter 相关信息对话框，如图 2-61 所示，输入虚拟机名字和两遍一样的密码，单击 Next 按钮。

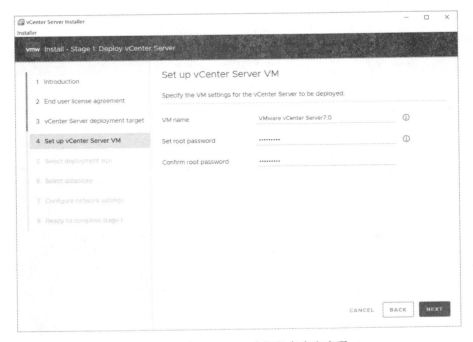

图 2-61　设置 vCenter 虚拟机名字和密码

出现 vCenter 规模选择对话框，如图 2-62 所示，可根据需要管理 ESXi 主机的数量进行部署规模的选择，建议选择最小规模部署，相关尺寸在图上已列出。选好后单击 Next 按钮。

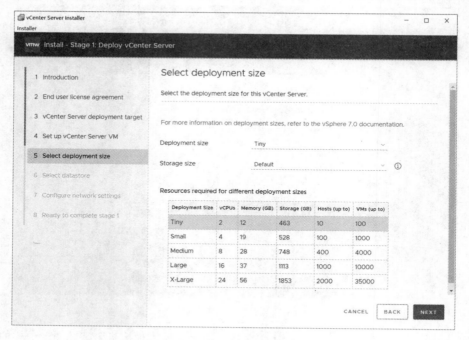

图 2-62　vCenter 规模选择

出现 vCenter 虚拟机存储选择对话框，如图 2-63 所示，相关选项默认即可，单击 Next 按钮。

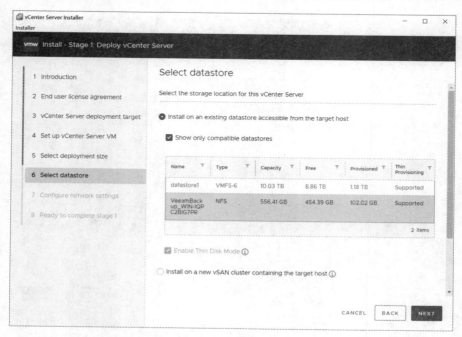

图 2-63　存储选择

出现网络配置对话框，如图 2-64 所示，给 vCenter 设置一个 IP 地址，包括子网掩码、默认网关和 DNS 等信息，单击 Next 按钮。

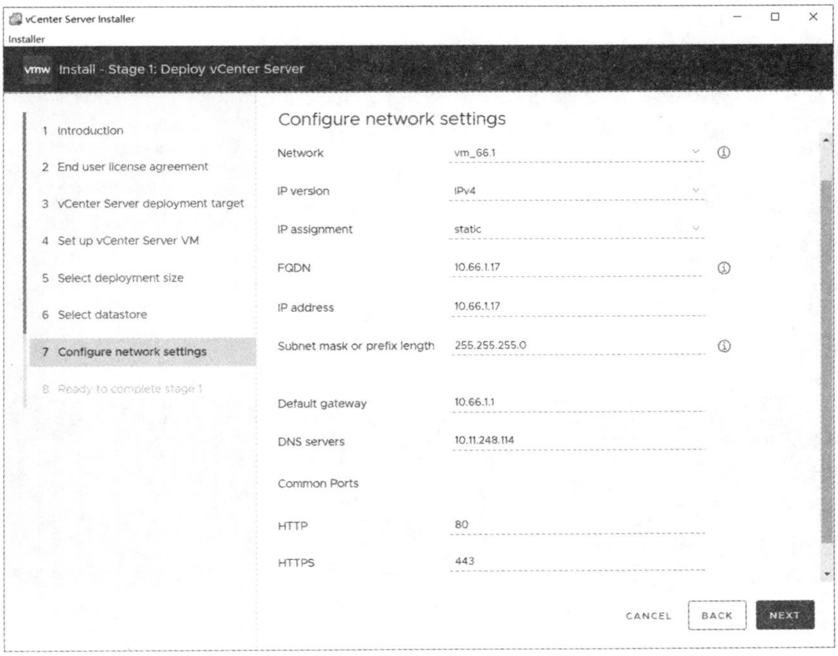

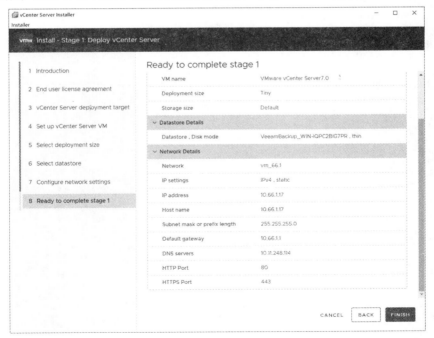

图 2-64　设置 vCenter 的 IP 等参数

确认参数，如图 2-65 所示，如果参数没有问题，单击 FINISH 按钮。

图 2-65　确认 vCenter 部署参数

开始部署 vCenter，如图 2-66 所示。此过程需要时间较长，耐心等待其部署完成。此时登录 ESXi 主机，会看到相关任务在 ESXi 主机里执行完成。

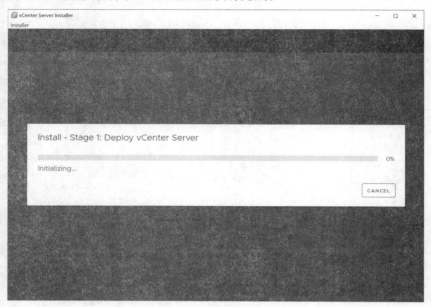

图 2-66　开始在 ESXi 上部署 vCenter

（3）使用 vCenter 管理 ESXi 主机。

在浏览器里输入 https://vCenter IP，弹出用户名和密码对话框，如图 2-67 所示。

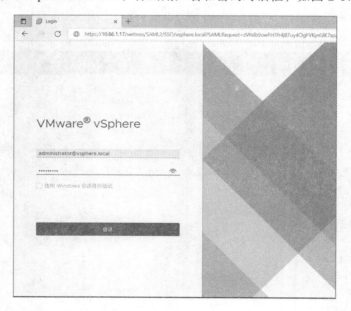

图 2-67　登录 vCenter

登录后，新建数据中心，新建集群，然后在集群里添加 ESXi 主机，如图 2-68 所示，可添加多台 ESXi 主机，实现集中管理。

图 2-68　在 vCenter 中添加 ESXi 主机

五、实践思考

1. 查阅有关资料，实践部署 VMware vSAN。
2. 查阅有关资料，实践部署 VMware NSX。

实践 3　物联网综合实践

一、实践目的与要求

（1）了解并掌握物联网应用系统设计的步骤。
（2）了解并掌握智能家居系统的结构及实施方案。
（3）基于模拟器设计并实现小型智能家居系统。

二、实践相关理论与知识

Cisco Packet Tracer 8.0 提供了丰富的 IoT 设备供用户选择，涉及家庭、智能城市和工业等各方面的设备，详细设备及其介绍见表 2-3。

表 2-3　Cisco Packet Tracer 8.0 提供的 IoT 设备及其介绍

Thing	Icon	Environment Behavior
ATM Pressure Sensor		Detects the Atmospheric Pressure and displays it. The default detection range is from 0 to 110 kPa.
Carbon Dioxide Detector		Detects Carbon Dioxide.
Door		Affects Argon, Carbon Monoxide, Carbon Dioxide, Hydrogen, Helium, Methane, Nitrogen, O2, Ozone, Propane, and Smoke. When the door is opened, those gases will decrease to a maximum of 2% in total change. When the door is opened, the rate of transference for Humidity and Temperature is increased by 25%. The rate of transference for gases is increased by 100%.
Fan		Affects Wind Speed, Humidity, and Ambient Temperature. At Low Speed Setting, the Wind Speed is set to 0.4 kph. The rate of cooling the Ambient Temperature is set to −1C/hour. The rate of reducing the Humidity is set to −1% per hour. At High Speed Setting, the Wind Speed is set to 0.8 kph. The rates of change for Ambient Temperature and Humidity is two times of the low setting.
Fire Sprinkler, Ceiling prinkler		Affects Water Level at a rate of 0.1 cm per second. Affects Humidity at a rate of 5% per hour.
Garage Door		Affects Argon, Carbon Monoxide, Carbon Dioxide, Hydrogen, Helium, Methane, Nitrogen, O2, Ozone, Propane, and Smoke. When the door is opened, those gases will decrease to a maximum of 4% in total change. When the door is opened, the rate of transference for Humidity and Temperature is increased by 50%. The rate of transference for gases is increased by 100%.
Home Speaker, Speaker		Affects Sound Volume at 65 dB. Affects Sound Pitch at 20 CPS to 60 CPS. Affects White Noise at 20%.
Humidifier		Affects Humidity at a rate of 1% per hour.
Humidity Sensor		Detects Humidity.
Humiture Monitor, Humiture Sensor		Detects Ambient Temperature and Humidity and outputs the value as a sum of the Ambient Temperature and Humidity divided by 2.

Thing	Icon	Environment Behavior
Lawn Sprinkler,Floor Sprinkler		Affects Water Level at a rate of 0.1 cm per second. Affects Humidity at a rate of 5% per hour.
LED		Affects Visible Light with a maximum output of 1%.
Light		Affects Visible Light with a maximum output of 20%.
Old Car		Affects Carbon Monoxide at a rate of 1% per hour. Affects Carbon Dioxide at a rate of 2% per hour. Affects Smoke at a rate of 3% per hour. Affects Ambient Temperature at a rate of 1% per hour.
Photo Sensor		Detects Visible Light.
Piezo Speaker		Affects Sound Volume at 10 dB. Affects Sound Pitch 20 CPS.
RGB LED		Affects Visible Light with a maximum output of 2%.
Smart LED, Dimmable LED		Affects Visible Light with a maximum output of 3%.
Smoke Detector, Smoke Sensor		Detects Smoke.
Solar Panel		Detects Sunlight to generate electricity.
Temperature Monitor		Detects Ambient Temperature.
Temperature Sensor		Detects Ambient Temperature.
Water Level Monitor,Water Detector		Detects Water Level.
Wind Sensor		Detects Wind Speed.

续表

Thing	Icon	Environment Behavior
Wind Turbine		Detects Wind Speed to generate electricity.
Window		Affects Argon, Carbon Monoxide, Carbon Dioxide, Hydrogen, Helium, Methane, Nitrogen, O2, Ozone, Propane, and Smoke. When the door is opened, those gases will decrease to a maximum of 1% in total change.　　When the door is opened, the rate of transference for Humidity and Temperature is increased by 20%. The rate of transference for gases is increased by 100%.
Drain Actuator		Affects Water Level at a rate of −0.5 cm per second.
Sound Frequency Detector		Detects Sound Pitch and displays it.
Furnace,Heating Element		Affects Humidity at a rate of −2% per hour.　Affects Ambient Temperature at a rate of 10°C per hour.
AC,Air Cooler		Affects Humidity at a rate of −2% per hour.　Affects Ambient Temperature at a rate of −10°C per hour.

三、实践环境与设备

Cisco Packet Tracer 环境：一个家庭网关和多个 IoT 智能设备。

四、实践内容与步骤

1. 总体概况和要求

本次实践设计一个物联网的一个综合实践，模拟一套房子内，两个房间各有一些 IoT 智能设备，这些 IoT 设备通过 HomeGateway（家庭网关）连接在一起，实现智能控制，通过 Smart Phone（智能手机）来连接 HomeGateway，从而控制这些设备，并在控制平台添加 Conditons（条件），来实现联动自动控制。

2. 具体要求

打开 Packet Tracer，添加各个 IoT 设备,左边房间添加一个门（Door1），一个窗户（Window1），一个台灯（Lamp），一个加湿器（Humidifier），一个空调（AC）。右边房间添加一个门（Door2），一个窗户（Window2），一个电风扇（Fan），一个摄像头（Webcam），在大厅添加一个运动检测器（Motion Detector），按以上各个设备后面的名字来命名各个设备，便于后面添加控制条件，如图 2-69 所示。

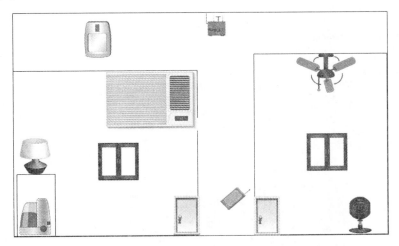

图 2-69　IoT 综合实验设备配置图

3．配置和验证测试

（1）配置连接。

通过无线将 IoT 设备连接到 HomeGateway（家庭网关），家庭网关的 SSID 为 HomeGateway，将智能手机 Wireless0 的连接 SSID 改为 HomeGateway，其他 IoT 设备的 SSID 默认为 HomeGateway，所有设备都通过无线连接到 HomeGateway，如图 2-70 所示。

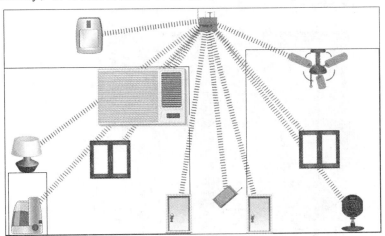

图 2-70　无线连接 HomeGateway 示意图

（2）设备注册。

在所有的 IoT 设备的 Config 选项卡里将 IoT Server 改为 Home Gateway，如图 2-71 所示，即控制方式为通过家庭网关控制，使得家庭网关可以集中控制设备。

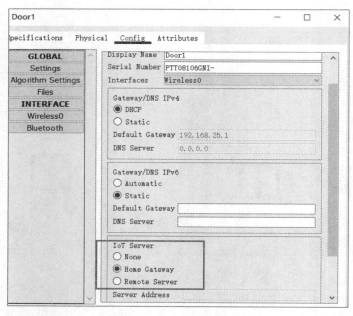

图 2-71　注册 IoT 设备示意图

（3）验证控制设备。

找到智能手机桌面的 IoT Monitor 程序，如图 2-72 所示。

图 2-72　打开智能手机的 IoT Monitor

默认服务器地址为 HomeGateway 的地址 192.168.25.1，用户名密码均为 admin，如图 2-73 所示。

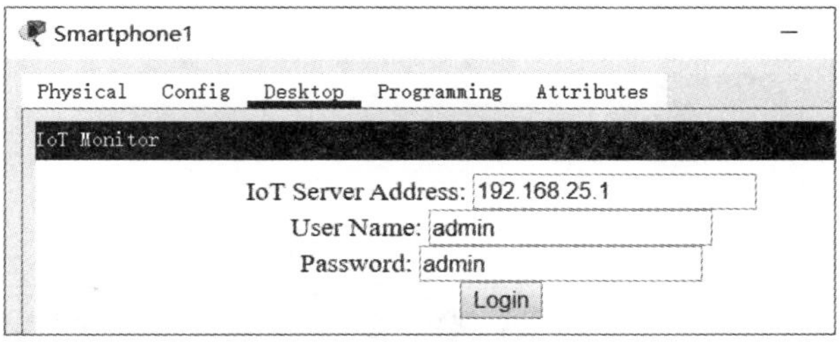

图 2-73 登录家庭网关

单击 Login 登录，登录后可以看到已注册的所有 IoT 设备，如图 2-74 所示。如果有设备没有显示，则重新打开设备的配置页，将 IoT Server 先改为 None，再改为 Home Gateway 就能正常显示。

图 2-74 家庭网关管理智能设备界面

此时单击每个设备，会显示其可以控制的选项开关，单击选项开关即可控制设备。

（4）配置自动联动控制。

在智能手机 IoT Monitor 里找到 Conditions，单击 Conditions 后再单击 Add 即可添加条件控制项，实现设备自动联动控制，如图 2-75 所示。

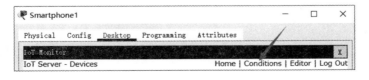

图 2-75 添加自动控制条件

首先添加第一条 Rule（规则），即当主人回家打开 Door1 后，家里的空调和台灯自动打开，如图 2-76 所示。

单击 Ok 按钮保存规则，这时就添加好了一条名为 door1_open 的规则，如图 2-77 所示。

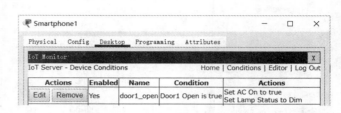

图 2-76　编辑条件　　　　　　　　图 2-77　添加后的规则显示

然后以同样的方式添加第二条规则，当空调打开时，窗户自动关闭，加湿器自动打开。

在第二个房间添加规则，当打开 Door2 时，家里的风扇自动打开，添加摄像头的规则，当大厅的 Motion Detector 检测到有运动，Motion Detector 为 On 时，摄像头打开，当 Motion Detector 为 Off 时，摄像头关闭。所有添加的规则如图 2-78 所示。

IoT Monitor				X
IoT Server - Device Conditions			Home | Conditions | Editor | Log Out	
Actions	**Enabled**	**Name**	**Condition**	**Actions**
Edit　Remove	Yes	door1_open	Door1 Open is true	Set AC On to true Set Lamp Status to Dim
Edit　Remove	Yes	AC_open	AC On is true	Set Humidifier Status to true Set Window1 On to false
Edit　Remove	Yes	Door2_open	Door2 Open is true	Set Fan Status to Low
Edit　Remove	Yes	Motion Detector_On	Motion Detector On is true	Set Webcam On to true
Edit　Remove	Yes	Motion Detector_Off	Motion Detector On is false	Set Webcam On to false

图 2-78　多条自动控制规则显示

最后以同样的方式添加其他自动控制规则，实现更多的联动控制。

五、实践思考

1. 要实现在外也能控制家里的所有设备，应如何配置？
2. 查阅相关资料，实现编程控制设备。

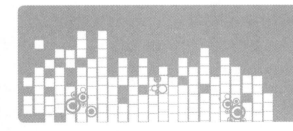

附录 A　实验（实践）报告格式

专业：＿＿＿＿＿＿＿＿＿姓名：＿＿＿＿＿＿＿＿＿学号：＿＿＿＿＿＿＿＿

实验（实践）时间：＿＿＿＿＿＿＿＿年＿＿＿月＿＿＿日

实验（实践）名称：＿＿＿＿＿＿＿＿＿＿＿＿＿＿＿＿＿＿＿＿＿＿＿＿＿＿＿＿＿

实验（实践）组员：＿＿＿＿＿＿＿＿＿＿＿＿＿＿＿＿＿＿＿＿＿＿＿＿＿＿＿＿＿

实验（实践）成绩：＿＿＿＿＿＿＿＿＿＿＿＿＿＿＿＿＿＿＿＿＿＿＿＿＿＿＿＿＿

一、实验（实践）目的与要求

摘录当次实验（实践）内容中的"实验目的与要求"，如有必要，也可以自己增加内容。

二、实验（实践）环境与设备

列出本次实验（实践）所用到的环境及各类设备。

三、实验（实践）方案

列出本次实验（实践）的拓扑图、各设备参数表以及实验总体方案。

四、实验（实践）步骤

参考当次实验（实践）内容与步骤，详细描述自己做实验（实践）的步骤。

五、实验（实践）结果及分析

根据实验（实践）步骤，列出可能得到的结果，并分析其原因。

六、实验（实践）总结及体会

简单总结实验（实践）中碰到的问题、解决办法以及收获体会、还需要改进的地方等。

七、教师评语

教师对实验（实践）报告的评价。

附录 B　思考题参考答案

实验 1　网络线缆的认识和制作

1. 双绞线中的线缆为何要成对地拧绞在一起？其作用是什么？在实验过程中，为什么线缆剪掉剩余平直的最大长度不超过 1.2 cm？

答：把两根绝缘的导线互相绞在一起，干扰信号作用在这两根相互绞缠在一起的导线上是一致的（共模信号），在接收信号的差分电路中可以将共模信号消除，从而提取出有用信号（差模信号）。双绞线采用了一对互相绝缘的金属导线互相绞合的方式来抵御一部分外界电磁波干扰，每一根导线在传输中辐射的电波会被另一根线上发出的电波抵消，从而降低信号干扰的程度。

做双绞线时，如果剩余长度过长，会导致双绞线分开的长度过长，从而增加信号干扰，还容易导致双绞线的护套皮没有卡在水晶头里，导致双绞线铜丝容易从水晶头里拉出。

2. 多功能网线测试仪除了可以测试线缆的连通性外，还能提供哪些相关线缆性能的测试？

答：不同测试仪拥有不同的功能，有的还可以测试双绞线的长度以及根据标准测试各项性能指标。

3. 通过上网搜索或其他查阅资料的方式，查找关于光纤线缆的有关知识，重点理解铜缆和光缆的区别以及两者的优缺点。

答：光纤相关知识自行查找。铜缆和光缆的部分区别：两者使用的材料完全不同，传输的信号完全不同，一个是电信号，一个是光信号，两端的设备也完全不同。优缺点：铜缆制作安装简单，光缆制作较复杂；铜缆容易受到电磁干扰，光缆几乎不受干扰，因此两者传输可靠性不一样。

实验 2　常用网络命令的使用

1. 假设你的计算机平时能正常上网，某天突然不能上网了，你能否查出是什么原因造成的？你的思路是怎样的？

答：首先检查网络线缆的物理连接，如果使用无线上网，确认已连接无线信号，然后检查连接的 IP 地址等参数（包括 IP 地址、子网掩码和默认网关）是否正常，然后 Ping 网关地址是否能正常 Ping 通，如果没有问题，则继续检查 DNS 是否解析正常。

2. 如何查看一台计算机的 MAC 地址？有哪些方法？

答：MAC 地址即物理地址，可以通过 Ipconfig /all 命令查询计算机网络适配器的 MAC 地址，也可以直接在网络适配器里打开适配器设置界面查看 MAC 地址。

3. 查阅资料了解 Linux 操作系统下的常用网络命令及其使用方法。

答：Linux 操作系统分不同版本，根据不同的 Linux 版本查找相关网络命令，请自行查找。

实验 3　网络模拟器 Cisco Packet Tracer 的使用

1. 计算机与路由器之间用什么线缆连接？路由器与交换机之间用什么线缆连接？

答：在早期设备连线时，计算机与路由器使用交叉线连接，路由器与交换机使用直连线连接，路由器与路由器之间使用交叉线连接。不过目前几乎所有设备的网络适配器均具备自动翻转功能，所以都可以用直连线连接。

2. 实验图 1-25 中，PC0 去 Ping PC1，为什么没有设置静态路由不能 Ping 通？

答：PC0 和 PC1 属于不同网段，不同网段之间通信，需要路由才能互通。

3. 通过路由器的 Config 设置路由和用 CLI 命令设置路由有区别吗？

答：没有区别。

实验 4　子网掩码与子网划分

1. 试用自己学过的知识分析并回答以下问题，然后在实验室验证你的结论。

（1）172.16.0.220/25 和 172.16.2.33/25 分别属于哪个子网？

答：172.16.0.220/25 属于子网 172.16.0.128，该子网网络地址为 172.16.0.128，子网掩码为 255.255.255.128，第一个可用地址为 172.16.0.129，最后一个可用地址为 172.16.0.254，广播地址为 172.16.0.255。自行设计实验进行验证。

172.16.2.33/25 属于子网 172.16.2.0，该子网网络地址为 172.16.2.0，子网掩码为 255.255.255.128，第一个可用地址为 172.16.2.1，最后一个可用地址为 172.16.2.126，广播地址为 172.162.127。自行设计实验进行验证。

（2）192.168.1.60/26 和 192.168.1.66/26 能不能直接互相 Ping 通？为什么？

答：根据子网划分原理，192.168.1.60/26 属于 192.168.1.0 网络，其地址范围为 192.168.1.0 ~ 192.168.1.63，192.168.1.66/26 属于 192.168.1.64 网络，其地址范围为 192.168.1.64 ~ 192.168.1.127，可以看出两个地址属于不同的子网，无法直接 Ping 通，需要配置两个网段路由才能互通。

（3）210.89.14.25/23、210.89.15.89/23 和 210.89.16.148/23 之间能否直接互相 Ping 通？为什么？

答：210.89.14.25/23 属于 210.89.14.0 网络，其地址范围为 210.89.14.0 ~ 210.89.15.255，210.89.15.89/23 同样属于 210.89.14.0 网络，其地址范围为 210.89.14.0 ~ 210.89.15.255，所以这两个地址属于同一个子网，可以直接互相 Ping 通。

210.89.16.148/23 属于 210.89.16.0 网络，其地址范围为 210.89.16.0 ~ 210.89.17.255，该地址与前两个地址不属于一个子网，因此与前两个地址不能直接互相 Ping 通，需要配置网段路由才能互通。

2. 某单位分配到一个 C 类 IP 地址，其网络地址为 192.168.1.0，该单位有 100 台左右的计算机，并且分布在两个不同的地点，每个地点的计算机最大数大致相同，试给每一个地点分配一个子网号码，并写出每个地点计算机的最大 IP 地址和最小 IP 地址。

答：一个子网需要 100 台左右的主机，可以把 192.168.1.0 分成两个子网，这样两个子网分别为 192.168.1.0 和 192.168.1.128，子网掩码均为 255.255.255.128，其中第一个子网地址范围为 192.168.1.0 ~ 192.168.1.127，第二个子网地址范围为 192.168.1.128 ~ 192.168.1.255。

3. 某单位分配到一个 C 类 IP 地址，其网络地址为 192.168.10.0，该单位需要划分 28 个子网，请计算出子网掩码和每个子网有多少个 IP 地址。

答：C 类 IP 默认子网掩码为 255.255.255.0，需要借用主机位作为子网位，28 个子网需要借用 5 位，因此其子网掩码应该位 255.255.255.248，每个子网有 8（2^3）个 IP 地址。

实验 5　交换机基本配置

1. 配置交换机的方法有哪些？

答：在 Cisco Packet Tracer 种，可以通过连接交换机的 Console 口配置交换，可以通过交换机的 CLI 界面配置交换机，也可以配置远程访问来配置交换机。

2. 要使交换机可以远程管理，应该做怎样的配置？

答：需要在交换机上配置以下命令：

Switch# config terminal（进入全局配置模式）
Switch (config)# line vty 0 4（进入虚拟终端端口 vty0~vty4 的配置模式，其中 0 4 定义了可以同时进行 5 个虚拟终端 telnet 会话。Catalyst 2960 最多支持 0 15 共 16 个 telnet 连接）
Switch (config-line)# password cisco（为 Telnet 指定远程登陆的虚拟终端密码）
Switch(config-if)# exit（退回到全局配置模式）

3. 查阅资料，了解交换机与集线器的区别。

答：集线器是早期以太网使用的设备，目前已基本淘汰。两者的区别是：集线器工作于物理层，每个端口相当于一个中继器，原理很简单，只对物理电信号放大中继，所有端口同属一个冲突域，主要用来延伸网络访问距离，扩展终端数量。交换机工作于数据链路层，它的每个端口相当于一个集线器，原理是根据数据帧头的 MAC 地址转发数据帧到合适的端口，每个端口是一个独立的冲突域。

实验 6　虚拟局域网 VLAN

1. 配置 Tag Switch 前，为什么同属于 VLAN10，PC1 和 PC4、PC5 不通？

答：因为 PC1 和 PC4、PC5 跨了两台不同的交换机，两台交换机直接通过一条网线相连，这两个端口为配置，无法通过 VLAN10 的数据帧。

2. 实验中不同 VLAN 之间的 PC 为什么不能互通？如果要实现互通，需要怎样实现？

答：不同 VLAN 属于不同的网络，不能直接互通。如需要互通，需要配置两个网络的路由才可以。

实验 7   三层交换机的配置

1. 同一 VLAN 的计算机分散在不同的接入交换机上，能实现互相通信吗？

答：不能直接通信，需要在不同交换机连接的端口配置 Tag Switch 后才能互相通信。

2. 三层交换机如果不开启路由功能，两个 VLAN 之间能互相访问吗？

答：不能，两个 VLAN 属于不同网络，需要开启路由功能才能互相访问。

3. PC 如果不设置默认网关，为什么无法跨 VLAN 通信？

答：跨 VLAN 通信需要通过路由才能通信，网关是路由接口 IP，PC 需要设置默认网关才能跨网络通信。

实验 8   路由器的基本配置

1. 实验步骤中图 1-47，在最后登录的时候为什么不能进入特权模式？需要怎样操作才能通过 Telnet 进入特权模式？

答：没有设置登录密码，不能登录，需要通过以下命令设置登录密码后才能进入特权模式。

```
Switch (config-line)# password cisco //为 Telnet 指定远程登录的虚拟终端密码
```

2. 路由器和交换机有哪些区别？

答：工作层次不同：交换机主要工作在数据链路层（第二层），路由器工作在网络层（第三层）；转发依据不同：交换机转发所依据的对象是 MAC 地址（物理地址），路由转发所依据的对象是 IP 地址（网络地址）；主要功能不同：交换机主要用于组建局域网，而路由主要功能是将由交换机组好的局域网相互连接起来，或者接入 Internet；其他区别：二层交换机不能分割广播域，路由可以，路由还可以提供防火墙的功能。

3. 为路由器添加 Serial0/3/0 接口中间的 3 代表什么意思？

答：3 代表当前模块插在路由器的第 3 个槽位。

实验 9   静态路由

1. 当一个设备有多个出口时，为什么要有默认路由？配置默认路由地址是什么？

答：多个出口，需要默认指定一个出口作为路由接口，因此要有默认路由，默认路由的地址是 0.0.0.0，掩码位也是 0.0.0.0。

2. PC 主机如果有多块网卡，是否需要设置路由？

答：PC 主机如果有多块网卡通信，同样需要设置默认路由。

3. 图 1-49 中，从 PC1 去 Ping 主机 PC2 的时候，为什么第一个包是 Request timed out？

答：因为第一个数据包需要 ARP 去解析网关的 MAC 地址，MAC 地址得到后，后面的数据包直接往该网关的 MAC 地址转发，不需要 ARP 解析了，所以出现第一个包超时，后面就通了。

实验 10　路由信息协议（RIP）

1. RIP 协议版本 V1 和 V2 有什么区别？

答：主要有以下区别。

（1）RIPv1 是有类路由协议，RIPv2 是无类路由协议。

（2）RIPv1 不能支持 VLSM，RIPv2 可以支持 VLSM。

（3）RIPv1 没有认证的功能，RIPv2 可以支持认证，并且有明文和 MD5 两种认证。

（4）RIPv1 没有手工汇总的功能，RIPv2 可以在关闭自动汇总的前提下，进行手工汇总。

（5）RIPv1 是广播更新，RIPv2 是组播更新。

（6）RIPv1 对路由没有标记的功能，RIPv2 可以对路由打标记（Tag），用于过滤和做策略。

（7）RIPv1 发送的 updata 最多可以携带 25 条路由条目，RIPv2 在有认证的情况下最多只能携带 24 条路由。

（8）RIPv1 发送的 updata 包里面没有 next-hop 属性，RIPv2 有 next-hop 属性，可以用于路由更新的重定。

2. RIP 协议是基于 TCP 还是 UDP？

答：UDP。

3. 请解释 RIP 协议为什么会有"好消息传得快，坏消息传得慢"的现象？

答：使用 RIP 协议，如果一个路由器发现了更短的路由，那么这种更新信息就传播得很快；当网络出现故障时，要经过比较长的时间才能将此信息传送到所有的路由器。

实验 11　开放最短路径优先（OSPF）

1. OSPF 协议是基于什么协议？

答：OSPF 协议是基于 IP 协议。

2. 试查阅资料比较 RIP 协议和 OSPF 协议的区别和优缺点。

答：主要有以下区别和优缺点。

路由协议类型：RIP 是距离矢量协议，而 OSPF 是链路状态协议。距离矢量协议使用跳数来确定传输路径。链路状态协议分析不同的源，如速度、成本和路径拥塞，同时识别最短路径。

路由表构造：RIP 使用周围的路由器请求路由表。然后合并该信息并构造自己的路由表。该表定期发送到相邻设备，同时更新路由器的合并表。在 OSPF 中，路由器通过仅从相邻设备获取所需信息来合并路由表。它永远不会获得设备的整个路由表，并且路由表构造非常简单。

跳数限制：RIP 最多只允许 15 跳，而在 OSPF 中没有这样的限制。

使用的算法：RIP 使用距离矢量算法，而 OSPF 使用最短路径算法 Dijkstra 来确定传输路由。

网络分类：在 RIP 中，网络分为区域和表格。在 OSPF 中，网络被分类为区域、子区域、自治系统和主干区域。

复杂性级别：RIP 相对简单，而 OSPF 则要复杂得多。

RIP 与 OSPF 应用：RIP 适用于较小的网络，因为它具有跳数限制。OSPF 非常适合大型网络。

实验 12　单臂路由

1. 如果物理接口连接多个子接口，子接口的带宽会如何变化？

答：这些子接口共享一个物理接口的带宽。

2. 单臂路由一般适合什么场景？

答：单臂路由适合局域网中没有三层交换机的情况下，需要实现各个 VLAN 互访的场景下。

实验 13　IPv6/IPv4 隧道技术

1. 实验中是在 IPv4 中建立 IPv6 隧道，请问能在 IPv6 中建立 IPv4 隧道吗？

答：可以在 IPv6 网络中建立 IPv4 隧道。

2. 查阅资料，了解 IPv6/IPv4 共存的其他技术。

答：主要的 IPv4/IPv6 业务共存技术可分为双协议栈技术、地址协议转换（NAT-PT）和隧道技术三类。在实际应用时要根据具体的业务发展和网络拓扑需要灵活运用各种技术。

实验 14　访问控制列表（ACL）

1. ACL 使用时什么时候用 in，什么时候用 out？

答：in 是进设备或者接口的流量，out 是出设备或接口的流量。

2. 一般情况下什么时候使用标准 ACL？什么时候使用扩展 ACL？

答：标准 ACL 只能控制源地址，如果仅仅想控制源地址就可以只用标准 ACL。但是，如果想控制的数据流比较精确，涉及目的地址、源端口号、目的端口号，就只能用扩展 ACL。一般有个原则：能用标准 ACL 实现的就不用扩展 ACL。

3. 查阅资料，写一条关闭 445、135～139 端口的 ACL。

答：
```
ip access-list extended deny 445
    deny tcp any any range 135 139
    deny udp any any range 135 netbios-ss
    deny tcp any any eq 445
    permit ip any any
```

实验 15　PPP 配置

1. PPP 的两种认证方式 PAP 与 CHAP 的认证过程有什么区别？

答：PAP 是两次握手，明文传输用户密码进行认证；CHAP 是三次握手，传输 MD5 值进行认证。

2. 查阅资料了解 PPPoE。

答：PPPoE（Point-to-Point Protocol Over Ethernet，以太网上的点对点协议）是将点对点协

议（PPP）封装在以太网（Ethernet）框架中的一种网络隧道协议。由于协议中集成 PPP 协议，所以实现传统以太网不能提供的身份验证、加密以及压缩等功能，一般用调制解调器（Cable Modem）和数字用户线路（DSL）等来提供接入服务。

实验 16   无线配置

1. 简述 SSID 的定义。

答：SSID（Service Set Identifier，服务集标识）技术可以将一个无线局域网分为几个需要不同身份验证的子网络，每一个子网络都需要独立的身份验证，只有通过身份验证的用户才可以进入相应的子网络，防止未被授权的用户进入网络。

2. 在 PC0 上 Ping 智能手机和平板计算机时，相应速度为 20 多毫秒或者 30 多毫秒，相对来说，为什么这么慢？

答：智能手机和平板计算机采用无线信号连接，无线因信号质量原因，一般延迟比有线连接要高。

实验 17   NAT 配置

1. 外网区域可以直接访问内网区域吗？

答：不可以。

2. 如果需要从外网区域访问内网服务器 Server0，应如何配置？

答：需要添加 NAT 映射，将路由器上的外网 IP 映射到内网 Server0 的 IP 地址，访问时用外网 IP 访问。

实验 18   Web、FTP 服务器的配置

1. 如果需要 IIS 支持动态网页，比如 ASPX 页面，需要怎么设置？

答：IIS 安装好之后，还需要安装.NET Framework，有些版本的 Windows 服务器可能已安装了.NET Framework，确认自己需要的.NET Framework 版本进行安装。安装完成后，在 Web 服务扩展启用 ASP.NET 服务，然后将 IIS 的主目录设为网页所在目录，并选择好相应的应该程序池。

2. 尝试安装、配置和使用其他 Web 服务器和 FTP 服务器。

答：典型的第三方 Web 服务器有 Apache、Tomcat、Zeus、Nginx 等，典型的第三方 FTP 服务器有 FileZilla、Serv-U 和 vsftpd 等，不同的 Web 和 FTP 服务器有不同的功能和性能。安装、配置和使用略。

实验 19   DNS 服务的配置

1. 实验内容中第 6 步，为什么 PC0 一开始能访问 www.baidu.com，不能访问 www.126.net

和 www.163.net，而 DNS 地址设置成 183.134.192.114 后，能访问 www.126.net 和 www.163.net？

答：因为一开始 PC0 的 DNS 服务器没有 www.126.net 和 www.163.net 的解析记录。183.134.192.114 这台 DNS 服务器有这两个域名的解析记录。

2. 实验内容第 7 步设置后，为什么此时所有域名都能正常解析了？

答：因为设置修改后，Com_DNS_Server 添加了根域解析，Com_DNS_Server 本身不能解析的域名均指向根域 DNS 服务器，根域服务器会向 Net_DNS_Server 服务器查询这两个域名的解析记录。

实验 20　DHCP 服务器的配置

1. 配置 DHCP 地址池的时候为什么要排除服务器本身地址？

答：如果分配给客户机器的地址为服务器本身的地址，会造成 IP 冲突，从而使整个网络都无法使用。

2. 如果 DHCP 跨网络，需要怎样配置？请自行查阅资料。

答：需要设置 DHCP 中继。

3. 查阅资料了解 DHCP 的工作过程。

答：DHCP 获取 IP 流程如下所示。

（1）发现阶段，即 DHCP 客户端寻找 DHCP 服务器的阶段。DHCP 客户端以广播方式发送 DHCP Discover 包，来寻找 DHCP 服务器，即向地址 255.255.255.255 发送特定的广播信息。网络上每一台安装了 TCP/IP 协议的主机都会接收到该广播信息，但只有 DHCP 服务器才会做出响应。

（2）提供阶段，即 DHCP 服务器提供 IP 地址的阶段。在网络中接收到 DHCP Discover 包的 DHCP 服务器，都会做出响应。这些 DHCP 服务器从尚未出租的 IP 地址中挑选一个给客户端，向客户端发送一个包含 IP 地址和其他设置的 DHCP Offer 包。

（3）选择阶段，即 DHCP 客户机选择某台 DHCP 服务器提供的 IP 地址阶段。DHCP 客户端只接收第一个收到的 DHCP Offer 包信息。然后以广播方式回答一个 DHCP Request 请求信息。该信息中包含向它所选定的 DHCP 服务器请求 IP 地址的内容。这里使用广播方式，就是通知所有 DHCP 服务器，它选择了某台 DHCP 服务器所提供的 IP 地址。局域网中所有 DHCP 服务器都会收到客户端发送的 DHCP Request 信息，通过查看包信息，可以确定客户端释放选择了自己提供的 IP 地址。如果选择的是自己的，则会发送一个确认包。否则，不进行响应。

（4）确认阶段，即 DHCP 服务器确认所提供的 IP 地址阶段。当 DHCP 服务器收到客户端发送的 DHCP Request 请求信息后，便向 DHCP 客户端发送一个包含它所提供的 IP 地址和其他设置的 DHCP Ack 信息，告诉 DHCP 客户端可以使用它所提供的 IP 地址。

实验 21　使用 Packet Tracer 分析 HTTP 数据包

1. 通过 Cisco Packet Tracer 抓包，能否获取数据包的完整信息？

答：Cisco Packet Tracer 抓取的数据包只显示一些基本的信息，无法获取完整信息。

2. 查找资料了解 Wireshark、SnifferPro、Snoop 以及 Tcpdump 等各抓包软件，并选择一个

或两个软件进行抓包实验。

答：这些软件均为抓包软件，不同软件功能不一样，但基础的抓包功能是一样的。抓包实验略。

实验 22　Wireshark 的使用

1. 抓包时需要网卡工作在什么模式？

答：混杂模式。

2. 为什么用 Wireshark 抓包时可以捕获到别的主机与其他主机交互的数据包？

答：Wireshark 抓包时会获取到工作在混杂模式的网卡上流经的其他主机的数据包（不过 Windows 下无线网卡不支持获取其他主机交互的数据报）。

3. 使用 Tracert 命令跟踪一个地址，并用 Wireshark 进行抓包分析，分析 Tracert 使用什么协议来跟踪地址。

答：基于 ICMP 协议。抓包过程略。

实验 23　分析 ARP 协议

1. 实验中 Ping 百度时，为什么抓到的是本机和网关的广播包？

答：百度和本地计算机不属于一个局域网，Ping 百度之后，本地计算机通过把请求先发给默认网关，其他事情由网关解决，所以 Wireshark 中抓到的还是请求默认网关的请求包和回复包。

2. 如何防御 ARP 欺骗？

答：不要把网络安全信任关系建立在 IP 基础上或 MAC 基础上，理想的关系应该建立在 IP+MAC 基础上。设置静态的 MAC→IP 对应表，不要让主机刷新设定好的转换表。除非很有必要，否则停止使用 ARP，将 ARP 作为永久条目保存在对应表中。使用 ARP 服务器。通过该服务器查找自己的 ARP 转换表来响应其他机器的 ARP 广播。确保这台 ARP 服务器不被黑。使用硬件屏蔽主机。设置好路由，确保 IP 地址能到达合法的路径（静态配置路由 ARP 条目）。管理员定期用响应的 IP 包中获得一个 RARP 请求，然后检查 ARP 响应的真实性。管理员定期轮询，检查主机上的 ARP 缓存。若感染 ARP 病毒，可以通过清空 ARP 缓存、指定 ARP 对应关系、添加路由信息、使用防病毒软件等方式解决。

实验 24　TCP 三次握手

1. TCP 连接建立过程中为什么需要"三次握手"？

答：三次握手可以保证任何一次握手出现问题时都可以被发现或补救。

2. 为什么释放连接要四次挥手？可以自己抓包分析四次挥手的过程。

答：首先我们看一下 TCP 四次挥手的过程。

第一次挥手：主机 1（可以是客户端，也可以是服务器端）设置 Sequence Number 和

Acknowledgment Number，向主机 2 发送一个 FIN 报文段，此时，主机 1 进入 FIN_WAIT_1 状态，这表示主机 1 没有数据要发送给主机 2 了。

第二次挥手：主机 2 收到了主机 1 发送的 FIN 报文段，向主机 1 回一个 ACK 报文段，Acknowledgment Number 为 Sequence Number 加 1，主机 1 进入 FIN_WAIT_2 状态，主机 2 告诉主机 1，我"同意"你的关闭请求。

第三次挥手：主机 2 向主机 1 发送 FIN 报文段，请求关闭连接，同时主机 2 进入 LAST_ACK 状态。

第四次挥手：主机 1 收到主机 2 发送的 FIN 报文段，向主机 2 发送 ACK 报文段，然后主机 1 进入 TIME_WAIT 状态，主机 2 收到主机 1 的 ACK 报文段以后关闭连接，此时，主机 1 等待 2MSL 后依然没有收到回复，则证明 Server 端已正常关闭，那么主机 1 也可以关闭连接了。

TCP 协议是一种面向连接的、可靠的、基于字节流的运输层通信协议。TCP 是全双工模式，这就意味着，当主机 1 发出 FIN 报文段时，只是表示主机 1 已经没有数据要发送了，主机 1 告诉主机 2，它的数据已经全部发送完毕了。但是，这个时候主机 1 还是可以接受来自主机 2 的数据，当主机 2 返回 ACK 报文段时，表示它已经知道主机 1 没有数据发送了，但是主机 2 还是可以发送数据到主机 1 的。当主机 2 也发送了 FIN 报文段时，这个时候就表示主机 2 也没有数据要发送了，就会告诉主机 1"我也没有数据要发送了"，之后彼此才会愉快地中断这次 TCP 连接。抓包过程略。

实验 25　物联网基本操作

1．IoT 设备是否可以通过无线连接网络来实现远程控制？

答：可以。

2．控制端是否可以使用智能手机？

答：可以，智能手机上也有 IoT Monitor。

实践 1　网络综合实践

1．企业总部网络划分了 VLAN，为什么不同 VLAN 下的主机都能从 VLAN40 下面的 DHCP 服务器上获取到 IP 地址等参数？

答：因为在不同 VLAN 接口上设置了 VLAN 中继地址，不同 VLAN 的主机从中继地址去获取 IP 等参数。

2．企业总部网络的 HTTP 服务器地址为内网私有地址，为什么从外面能访问该 HTTP 服务器？

答：因为在总部出口路由器上设置了 NAT，NAT 实现了公网地址与 HTTP 服务器的私有地址的一对一映射，在外面访问公网地址时，路由器映射到私有地址。

3．除了本实践用到的 GRE 隧道技术，实现分公司访问总公司内网的 VPN 技术一般还有哪些？尝试通过其他 VPN 技术进行配置。

答：其他 VPN 技术还有 l2TP VPN、SSL VPN、IPSec VPN 以及 MPLS VPN 等。相关配置略。

实践 2　虚拟化数据中心综合实践

1. 查阅有关资料，实践部署 VMware vSAN。

答：VMware vSAN 是通过在 vSphere 集群主机当中安装闪存和硬盘来构建 vSAN 存储层。这些设备由 vSAN 进行控制和管理，vSAN 形成一个供 vSphere 集群使用的统一共享存储层。相关实践部署请自行查阅资料。

2. 查阅有关资料，实践部署 VMware NSX。

答：VMware NSX 是提供虚拟机网络操作模式的网络虚拟化平台。与虚拟机的计算模式相似，虚拟网络以编程的方式进行调配与管理，与底层硬件无关。NSX 可以在软件中重现整个网络模型，使网络拓扑（从简单的网络到复杂的多层网络）都可以快速创建和调配。它支持一系列逻辑网络元素和服务，例如逻辑交换机、路由器、防火墙、负载平衡器和 VPN，用户可以通过这些功能的自定义组合来创建隔离的虚拟网络。相关实践部署请自行查阅资料。

实践 3　物联网综合实践

1. 要实现在外也能控制家里的所有设备，应如何配置？

答：要增加网络，实现外网与家庭网关连接，从而实现从外面访问家庭网关来控制所有设备，相关操作请自行实践。

2. 查阅相关资料，实现编程控制设备。

答：在 Cisco Packet Tracer 里，通过 MCU Boards 组件可实现编程，从而控制相关智能设备，在 MCU 的 Programming 选项卡里，可创建编程项目，项目可以基于不同的语言或方式，包括 JavaScript、Python 和 Visual，其中 Visual 是以可视化的方式编程，采用类似于搭积木的形式来实现编程，具体操作请自行实践。

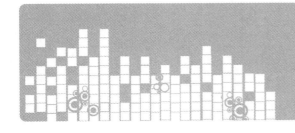

参 考 文 献

[1] 谢希仁. 计算机网络[M]. 7 版. 北京：电子工业出版社，2017.

[2] 多伊尔. TCP/IP 路由技术[M]. 葛建立，吴剑章，译. 北京：人民邮电出版社，2007.

[3] 刘陈. 浅谈物联网的技术特点及其广泛应用[J]. 科学咨询，2011(9)：86-86.

[4] 钮鑫. OSPF 路由协议原理及特点[J]. 福建电脑，2017，33(9)：107-108.

[5] 郭雅. 计算机网络实验指导书[M]. 北京：电子工业出版社，2018.

[6] 王刚耀. 网络运维亲历记[M]. 北京：清华大学出版社，2016.

[7] 贾益刚. 物联网技术在环境监测和预警中的应用研究[J]. 上海建设科技，2010(6)：65-67.

[8] 李飞. 网络设备配置与管理[M]. 西安：西安电子科技大学出版社，2008.

[9] 郭乐江. 计算机网络技术基础[M]. 沈阳：辽宁大学出版社，2013.

[10] 毛京丽. 数据通信原理[M]. 北京：北京邮电大学出版社，2015.

[11] 梁晶. 路由器功能与算法[J]. 电子技术与软件工程，2018(4)：13.